# 好好織！
## 輕巧美麗的
## 粗針織日用包&小物

*Bag & Knitgoods*

# 好好織！
## 輕巧美麗的
## 粗針織日用包&小物

*Bag & Knitgoods*

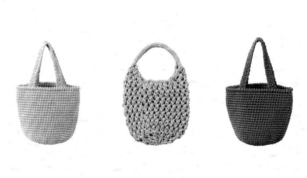

# 好好織！

## 輕巧美麗的
## 粗針織日用包＆小物

*Bag & Knitgoods*

# Contents

# 01 Clutch Bag

利用緣編、捲針縫與流蘇的灰色線材，
勾勒出令人眼前一亮的焦點。
袋身是將織片摺疊後，以捲針縫製作而成。

*design* ...marshell（甲斐直子）
*yarn* ...Hamanaka DOUGHNUT・Bonny
*how to make* ... p.47

# 02 Bag

袋身是以「星型鉤織」的花樣鉤織而成。
自然風的雙色搭配，呈現出優雅氣質。

*design* ...今村曜子
*yarn* ...Hamanaka DOUGHNUT
*how to make* ...P.46

# 03 Bag

摺疊袋身，製作褶襉，
使袋口緊密收合。
形成小巧又可愛的包款。

*design* ...岡本啓子
*Making* ...宮本寬子
*yarn* ...Hamanaka DOUGHNUT
*how to make* ... P.50

# 04 Bag

可容納A4大小的隨行袋，
對摺即可變身成手拿包的兩用包款。

design ...岡 まり子
yarn ...Hamanaka DOUGHNUT
how to make ... P.52

## 05 Bag

以鎖針與短針鉤織成簡單的袋身花樣。
每段皆改變織片方向進行的編織，
形成了細緻的花樣。

design ...金子祥子
yarn ...Hamanaka DOUGHNUT
how to make ... p.54

# 06 Bag

稍微改變針數或段數，
即可製作出三種尺寸的提袋。
可選擇個人方便使用的尺寸鉤織。

28-C

design ...深瀨智美
yarn ...Hamanaka DOUGHNUT
how to make ... p.56

# 07 Hat

帽頂收束立起的圓錐形帽子。
以細線包裹粗線鉤織，
一圈圈的輪編構成獨特花樣。

design ...Ronique（ロニーク）
yarn ...Hamanaka Piccolo、DOUGHNUT
how to make ... p.58

# 08 Bag

將粗細不同的2種織線混織而成的
簡單提袋。
以粗棒針就能順快流暢地編織。

design ...野口智子
yarn ...Hamanaka DOUGHNUT、Piccolo
how to make ... p.49

# 09 Bag

以棒針編織而成的網狀鏤空提袋，
會隨著收納物品的不同，自在縱向或橫向伸縮。

design ...岡本啓子
Making ...中川好子
yarn ...Hamanaka DOUGHNUT
how to make ... P.60

# 10 Bag

小巧的手提袋，
以長針與鎖針
構成橫紋狀的鏤空花樣。

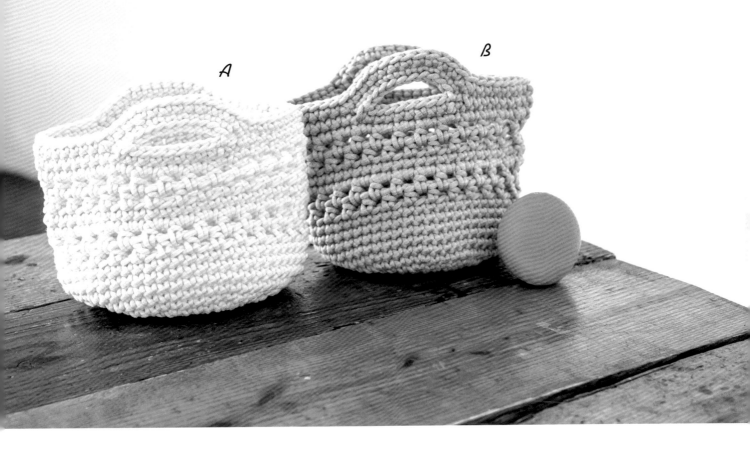

A

B

design ...岡 まり子
yarn ...Hamanaka DOUGHNUT
how to make ... P.62

# 11 Bag

令人眼睛為之一亮的紅色提袋，
全部皆以短針鉤織而成。
渾圓的形狀很是可愛。

*design* ...青木恵理子
*yarn* ...Hamanaka DOUGHNUT
*how to make* ... P.64

# 12 Bag

A

B

C

稍作外出時可以使用的迷你尺寸。
僅須製作窄窄的袋底，接著只要筆直地往上鉤織即可。

design ...今村曜子
yarn ...Hamanaka DOUGHNUT
how to make ... P.66

# 13 Clutch Bag

適合上班族的黑白配色提袋，
在拉鍊繫上大型流蘇，成就畫龍點睛的效果。

*design* ...河合真弓
*making* ...栗原由美
*yarn* ...Hamanaka DOUGHNUT・Piccolo
*how to make* ... p.68

# 14 Bag

以黃色織線鑲邊的簡約造型提袋。
利用顏色轉換的邊界織入花樣，作出變化。

*design* ...城戶珠美
*yarn* ...Hamanaka DOUGHNUT
*how to make* ... *p.70*

## 15 Bag

以短針為主的簡單織片，
運用市售的提把，
呈現出俐落的輪廓。

design ...風工房
yarn ...Hamanaka DOUGHNUT
how to make ...P.72

19

# 16 Bag

亦可作為側背包使用的兩用提袋。
在市售的皮革底上接線編織,
完成紮實牢固的作品。

*design* ...marshell（甲斐直子）
*yarn* ...Hamanaka DOUGHNUT
*how to make* ... P.74

# 17 Clutch Bag

具有凹凸紋理的畝編，
以中長針增添其豐富的模樣。
袋蓋使用2色混織作出色彩上的變化。

*design* …金子祥子
*yarn* …Hamanaka DOUGHNUT・Bonny
*how to make* … P.69

18 Bag

可作為側背包使用的
簡單包款，
作為購物袋也很實用。

A

ß

design ...Ami
yarn ...Hamanaka DOUGHNUT
how to make ...P.76

# 19 Clutch Bag

使用粗細不同的2種織線，
並且縫上拉鍊的鈎編手拿包。
適合搭配雅致的服裝。

*design*...橋本真由子
*yarn*...Hamanaka DOUGHNUT・KORPOKKUR
*how to make*...p.80

# 20 Bag

人字形的織入花樣，
一邊將休針織線包裹，一邊進行鉤織。
為了配合袋身，袋底也以相同方式包裹鉤織，
形成紮實的樣貌。

design ...Ronique（ロニーク）
yarn ...Hamanaka DOUGHNUT・Jum Bonny
how to make ... P.78

# 21 Bag

藉由改變提把的顏色，成為扁包的特色。
想要活用零星餘線時使用。

design ...Hamanaka企畫
yarn ...Hamanaka DOUGHNUT
how to make ... P.80

## 22 Bag

可以斜背的側背包款式。
容量十分充足，
能夠放進各式各樣的物品。

design ...青木惠理子
yarn ...Hamanaka DOUGHNUT
how to make ... P.82

## 23 Bag

袋身中央部分織入螺旋捲編的
迷你尺寸手提袋。
立體的織片花樣令人印象深刻。

*design* ...河合真弓
*making* ...栗原由美
*yarn* ...Hamanaka DOUGHNUT
*how to make* ... P.84

# 24 Cap

9段就能輕鬆完成，令人開心的帽子。
遮耳的部分以長長針等，
加長高度的針目來進行鉤織。

*design ...*Ronique（ロニーク）
*yarn ...*Hamanaka DOUGHNUT
*how to make ...* P.86

# 25 Coaster, Mini Mat

A

B

建議活用零星餘線來鉤織。
以短針完成的基礎織片，
運用引拔針進行勾邊即可。

design ...Hamanaka企畫
yarn ...Hamanaka DOUGHNUT
how to make ... p.87

26 Mat

超級簡單的地墊，僅以短針鉤織而成。
紮實的厚度看起來非常舒適好用。

design ...Hamanaka企畫
yarn ...Hamanaka DOUGHNUT
how to make ... p.61

# 27 Basket

可以收納一些零碎小物,
自然隨意地當作傢飾品來使用。

A

design ...風工房

yarn ...A  Hamanaka DOUGHNUT
        B  Hamanaka DOUGHNUT · Piccolo

how to make ... p.88

# 28 Bag

將P.9的小型提袋當作迷你花盆袋使用。
該用何種顏色編織呢？光是構想就頗富趣味。

*design* ...深瀨智美
*yarn* ...Hamanaka DOUGHNUT
*how to make* ... P.89

C

D

H

G

## 編織前的準備

本單元解說使用線材、工具與相關織法，
在編織作品前，先熟悉這些基本知識再開始吧！

---

準備材料　除此之外，還需要毛線針、剪刀等工具。

### ・線材　※線材圖片為原寸大小。另外也有搭配其他線材編織的作品。

**DOUGHNUT**

宛如Lily Yarn（莉莉安編織）的超極太線，共8
色。線材的內芯與外側各以不同素材組合而成，
屬於質地輕盈的線材。如同線材的剖面圖所示，
左邊4色（淺駝色、黃色、藍綠色、原色）內外
採相同色系；右邊4色（紅色、黑色、藏青色、
灰色）則是內芯顏色不同。製作飾穗或流蘇時可
依喜好選擇。紗線不易斷裂散開且容易編織，可
以織出紮實的厚度，最適合用來製作成提袋。

線材剖面圖

### ・工具

**鉤針**

主要使用10/0號至7mm的
鉤針，但有時會因織片花
樣、搭配的織線，或在皮
革底上接線編織，使用不
同號數的鉤針。

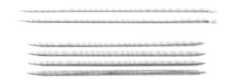

**棒針**

使用15號至10mm的棒針。
以往復編編織平面織片
時，使用2支單頭棒針；
以輪編編織立體織片時，
則使用4支棒針。

### ・其他　※依作品需求準備。若有使用拉鍊，就需要準備縫線與手縫針。

**D形竹節提把（中）**
（自然色／H210-632-1）

不鉤織提把，利用此現成提把製作提袋。

**圓形皮革底**
（大・焦茶色／H204-616）
（大・淺駝色／H204-619）

直徑20cm，邊緣的孔洞共60孔。一般是在孔
洞接上織線後，接著鉤織袋身，這裡的用法
則是將袋身與底板以捲針縫接合。捲針縫的
方法請參照P.39。

**橢圓皮革底**
（焦茶色／H204-618-2）

15cm×30cm的大小，邊緣的孔洞共70孔。與
圓形皮革底相同，皆作為袋底使用。含有補
強用的內襯，若想使作品更加堅固，可以將2
片底板疊放，再接上織線。接上織線的方法
請參照P.83。

## 所謂的取1條線・取2條線

以1條織線編織,稱為「取1條線」;使用2條織線一起編織則稱為「取2條線」。

取1條線　　　取2條線

## 關於「斜行」

進行輪編時,針目會漸漸呈現偏斜,此情況稱為「斜行」。如圖上白線標示的部分,立起針的位置會逐漸偏移。斜行的狀態雖然會依據織線或編織時力道的不同而有所差異,但即使是編織老手也會發生,因此不必太過在意。之後在鉤織提把時,不須拘泥於針數,不妨將織好的包包主體對摺,讓2條提把的位置一致即可。

## 鎖針接縫　　接縫最初與最後1針的針目,完成漂亮的收針。

*1*　鉤織完成後,預留約10cm長的織線後剪斷,取下織針,拉出線端。將線端穿入毛線針中,挑第1針短針的針目(2條線)。

*2*　接著,穿回最後1針短針的中央。如右側照片所示,須同時挑起織片背面的織線,共挑2條線。

*3*　拉線。完成1針鎖針。

*4*　將線端穿入織片背面,再往反方向穿入數針,進行收針藏線(如此即可防止線端鬆脫)。

## 捲針縫　　這裡以半針的捲針縫示範解說。

*1*　將織片對齊疊合,各挑內側的鎖針1條線,共挑2條線。

*2*　重複步驟*1*,每1針皆進行捲針縫(為避免織片縮小,須留意拉線時力道的拿捏)。

## 於皮革底捲針縫

皮革底

袋身

使用開始鉤織袋身時預留的織線進行捲針縫。織線穿入毛線針中,將袋身與皮革底對齊疊合,穿入針目半針(1條線)與皮革底的孔洞。為避免有時過鬆、有時過緊,須留意拉線時力道的拿捏。

## 袋口與提把・提把滾邊的織法

由袋身處接續鉤織，於主體之中利用鎖針鉤織提把開口、袋口。這是本書中使用最多的方式。
這裡以P.8（織法見P.54）的包款示範解說。

### 袋口&提把

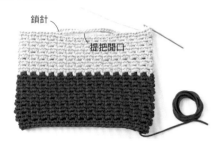

*1* 第1段完成的模樣。鉤織鎖針作出提把的開口（2處）。

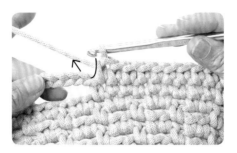

*2* 第2段，挑鎖針的半針與裡山（2條線），鉤織短針。

*3* 重複步驟*2*，鉤織短針。

*4* 第3段鉤織短針，收針處進行鎖針接縫（P.39）。

### 提把滾邊　※為了讓作法更清楚易懂，這裡改以不同顏色的線材示範解說。

*1* 於指定的位置接線，鉤織引拔針的筋編。

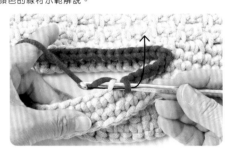

*2* 於袋口與提把的第1段鎖針，挑剩餘的半針（1條線）鉤織引拔針。

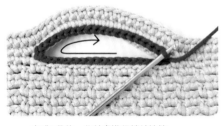

*3* 完成1段後，收針處進行鎖針接縫。

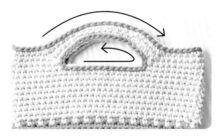

P.18 *Bag*（織法見P.70）袋口與提把的最終段、提把滾邊須改變顏色與編織方向（照片內的→）。由於會因設計的不同而改變，須特別留意。

### *P.28 Bag* 袋口&背帶的織法　織法請參照P.82。　※為了讓作法更清楚易懂，背帶的鎖針改以不同顏色的線材示範解說。

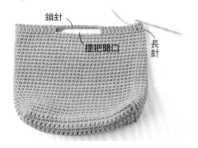

*1* 袋身鉤織至長針的模樣。提把開口的部分（2處）鉤織13針鎖針。

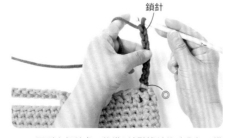

*2* 回到立起針處，鉤織1針引拔針後（◎），進行背帶的鎖針（起針）。

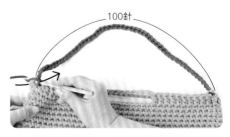

*3* 鎖針起針100針，於長針的指定位置上鉤織引拔針。

*4* 預留約10㎝長的線段,剪斷。將掛針的針目
拉大,穿入線端,束緊。

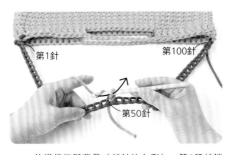

第1針　　　　　　　　　　第100針

第50針

*5* 鉤織袋口與背帶〈起針的左側〉。第1段於鎖
針中央(第50針)挑半針(1條線)鉤織1針
起立針的鎖針。

*6* 依步驟*5*的方式,挑鎖針的半針鉤織短針。

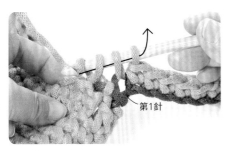

第1針

*7* 連續在鎖針的第1針,以及立起針的第3針鎖
針挑針,鉤織2短針併針。

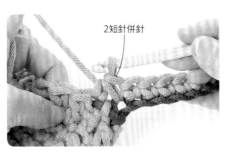

2短針併針

*8* 鉤織2短針併針,完成轉角。

*9* 接續鉤織袋口部分。挑長針的針頭鉤織短針,
提把開口則是挑整條鎖針束,掛線之後鉤出織
線。

*10* 再次掛線,一次引拔。

*11* 短針完成的模樣。重複步驟*9*、*10*鉤織提把開
口部分。

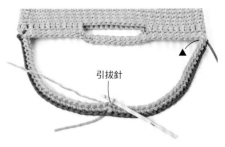

引拔針

*12* 挑步驟*7*對稱位置的長針針頭(2條線)
與鎖針的第100針,以2短針併針製作轉角
(▲),再以引拔針收針,接合成環狀。

*13* 第2、3段同樣鉤織短針。轉角處(步驟*8*與
*12*的▲)略過前段的2短針併針,挑兩側的針
目鉤織2短針併針(■處參照織圖),收針處
進行鎖針接縫(P.39)。

第51針

*14* 換邊鉤織另一側的袋口與背帶〈起針的右
側〉。於鎖針中央(第51針)挑剩餘的半針
與裡山(2條線),依步驟*5*・*6*的方式鉤織。

*15* 依步驟*7*至*13*
的方式鉤織。

起針　　　鎖針
　　　　　引拔針
袋身
袋身　　　　休針

*1*　袋身的織線暫休針，於指定位置鉤織30針鎖針（起針），再以引拔針接合於袋身，預留約10cm長的線端，剪斷（2側）。

*2*　鉤織提把。於袋身的指定位置上，鉤織1針立起針的鎖針。

2短針併針

*3*　第1段先在袋身鉤織5針短針，第6針與步驟*1*的第1針鎖針鉤織2短針併針（P.41一步驟*7*、*8*的要領），製作轉角。

*4*　挑鎖針的半針（1條線），鉤織短針。

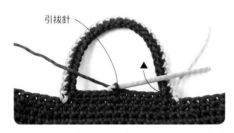

引拔針

*5*　於步驟*3*的對稱位置上，鉤織2短針併針作出轉角（▲），再以引拔針收針，接合成環狀。

*6*　第2段鉤織短針。轉角（步驟*3*與*5*的▲）略過前段的2短針併針，挑兩側的針目鉤織2短針併針（■處參照織圖），收針處進行鎖針接縫。

*7*　另一側的提把也是依步驟*2*至*6*的方式鉤織。

*8*　提把部分完成的模樣。接著將鉤針重新穿入步驟*1*休針的針目，鉤織袋口與提把。

*9*　第1段先在袋身鉤織6針短針，並依步驟*3*的要領，挑袋身與鎖針剩餘的半針與裡山（2條線）鉤織2短針併針（▲），製作轉角。

*10*　挑鎖針的半針與裡山（2條線）鉤織短針。

引拔針

*11*　轉角（全部4處）依步驟*9*的方式鉤織2短針併針，其餘鉤織短針，再鉤引拔針收針。

*12*　第2段依步驟*6*的方式，以2短針併針製作轉角，再繼續鉤織短針，收針處進行鎖針接縫。

## 袋底織法

**1** 以藏青色織線鉤織第1段，第2段鉤1針立起針的鎖針後，於鉤織短針時，將淺駝色織線掛於鉤針上，鉤織短針。

**2** 完成短針，包編淺駝色織線的模樣。

**3** 依步驟 **1** 的要領，將淺駝色織線包編在裡面，以藏青色織線鉤織短針。

**4** 最後的引拔針也是將淺駝色織線掛於鉤針上，一起引拔。第3段之後依第2段的要領，增加針目進行。

## 袋身織法

**1** 第2段至第3針為止皆依袋底方式，將淺駝色織線包編在裡面，並以藏青色織線鉤織短針。第4針的短針鉤出織線後，則是改以淺駝色織線掛於鉤針上，一次引拔。

**2** 完成短針，掛於鉤針上的織線由藏青色更換成淺駝色。

**3** 第5針將藏青色織線包編在裡面，以淺駝色織線鉤織短針。

**4** 第5針完成的模樣。

**5** 第6針、第7針將藏青色織線包編在裡面，以淺駝色織線鉤織短針，第8針則是依步驟 **1** 的要領，更換成藏青色織線，鉤織短針。

**6** 依步驟 **1** 至 **5** 的要領，每4針更換色線鉤織，第3段之後依第2段的要領鉤織。

**7** 袋身完成的花樣。

花樣（星形鉤織Star Crochet）的織法　　這裡以P.4 *Bag*（織法見P.46）示範解說。步驟 *2*、*7*、*17* 的插圖僅示意，非織片實際狀態。

*1*　於立起針第2針鎖針的半針與裡山（2條線）入針，掛線之後，鉤出織線。

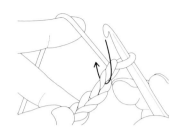

*2*　挑立起針第2針鎖針的半針與裡山（2條線），掛線之後，鉤出織線。

*3*　依步驟 *2* 的方式，於立起針的第1針鎖針入針，掛線鉤出織線（3個線圈掛於鉤針上）。接著，依箭頭指示在起針的第1針入針。

*4*　掛線鉤出織線，第2針、第3針同樣依第1針的方式鉤織（6個線圈掛於鉤針上），掛線之後，一次引拔。

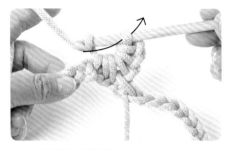

*5*　再次掛線，引拔織線。

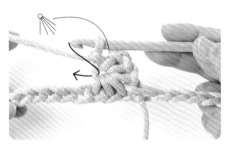

*6*　第1組花樣完成的模樣。鉤織下一組花樣，於箭頭的位置入針。

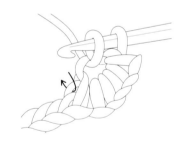

*7*　掛線之後，鉤出織線，接著挑步驟 *4* 起針的第3針（上圖◎）外側1條線。

*8*　掛線鉤出織線（3個線圈掛於鉤針上），接著在起針的第3針入針。

*9*　掛線鉤出織線，起針的第4針、第5針依步驟 *8* 的方式鉤織（6個線圈掛於鉤針上），掛線之後，一次引拔。

*10*　依步驟 *5* 的方式，再次掛線，引拔。第2組花樣完成的模樣。

*11*　第3組花樣開始，依步驟 *6* 至 *10* 第2組花樣的方式鉤織，最後於立起針第3針的鎖針鉤織引拔針。

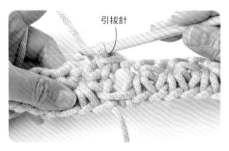

*12*　鉤織引拔針接合成圈，第1段完成的模樣。

*13* 第2段。鉤織2針立起針的鎖針，接著將織片翻面。鉤針掛線，穿入箭頭的位置（與步驟*6*相同花樣的空間）鉤織2針中長針。

*14* 2針中長針完成的模樣。

*15* 依步驟*13*、*14*的方式，於每1組花樣中鉤織2針中長針。

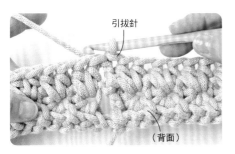

引拔針

（背面）

*16* 在立起針的第2針鎖針鉤織引拔針。

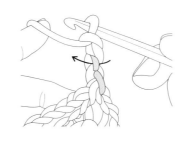

*17* 第3段。鉤織3針立起針的鎖針，織片翻面。鉤針掛線，穿入第2針的裡山。

*18* 掛線鉤出織線。

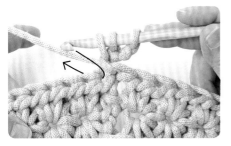

*19* 依步驟*17*、*18*的方式，於立起針第1針的鎖針裡山入針，掛線鉤出織線（3個線圈掛於鉤針上）。接著，於第2段織好的引拔針相同處入針。

*20* 掛線鉤出織線，繼續挑旁邊2針分別鉤出織線（6個線圈掛於鉤針上），掛線引拔。

*21* 依步驟*5*，再次掛線引拔。最初的花樣完成的模樣。接著依步驟*6*至*12*的要領進行鉤織，第4段之後，重複第2、3段（P.4 *Bag* 會在第4段進行加針，須特別留意）。

P.4　*No.02 Bag*（織法見P.46）花樣編的原寸大小。

P.5　*No.03 Bag*（織法見P.50）花樣編的原寸大小。

# 02 Bag　*photo ... P.4*

**尺寸**　袋口寬35cm　袋深21cm

**準備工具**

- **線材**　Hamanaka DOUGHNUT（200 g／球）
  淺駝色（2）180 g　原色（1）170 g
- **針具**　Hamanaka Ami Ami 竹製鉤針7mm
- **其他**　Hamanaka皮革底（大）
  淺駝色（直徑20cm／H204-619）1片

**密度**　花樣編　1組花樣＝2cm・1組花樣（2段）＝3cm

**織法**　取1條織線進行鉤織。

袋身預留150cm長的線段，鎖針起針60針，頭尾以引拔針
連接成環。花樣編（參照P.44）第1段至第3段鉤織30組花
樣，第4段加70針，鉤織35組花樣的輪編（每織完一段即
翻面）。袋口則是看著正面，鉤織3段輪編的緣編，收針處
進行鎖針接縫。以起針處預留的線段進行捲針縫，將袋身起
針段與皮革底的孔洞縫合固定（參照P.39步驟說明）。提
把預留20cm長的線段後開始鉤織起針針目，繼續鉤引拔針
（參照P.47步驟說明），收針處同樣預留20cm的線段後，
剪線。以預留的提把線段縫合固定於袋口外側。

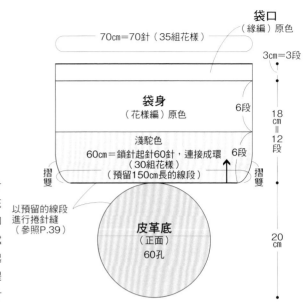

袋口
（緣編）原色

70cm＝70針（35組花樣）

3cm＝3段

袋身
（花樣編）原色

6段

18
cm
＝
12
段

淺駝色
60cm＝鎖針起針60針，連接成環
（30組花樣）
（預留150cm長的線段）

6段

摺雙　　　摺雙

以預留的線段
進行捲針縫
（參照P.39）

皮革底
（正面）
60孔

20
cm

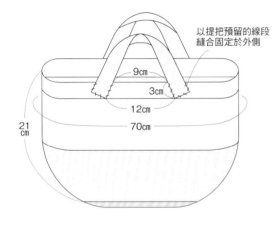

以提把預留的線段
縫合固定於外側

9cm
3cm
12cm
70cm

21
cm

**提把** 2條
（引拔針）淺駝色

※第1段挑起針的裡山鉤織，
　第2至4段挑前段針目的外側
　1條線鉤織（參照P.47照片）。

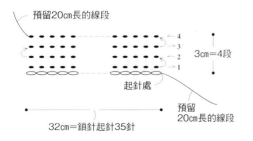

預留20cm長的線段

4
3
2
1

3cm＝4段

起針處

預留
20cm長的線段

32cm＝鎖針起針35針

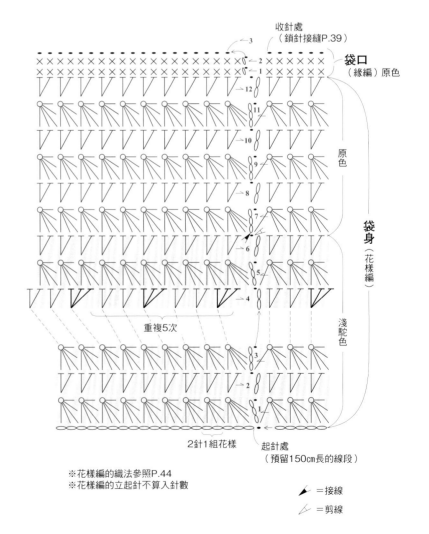

收針處
（鎖針接縫P.39）

袋口
（緣編）原色

→3
→2
→1

→12
←11
→10
←9
→8
←7
→6
←5
←4

重複5次

原
色

袋
身
（花樣編）

淺
駝
色

→3
←2
→1

2針1組花樣

起針處
（預留150cm長的線段）

※花樣編的織法參照P.44
※花樣編的立起針不算入針數

↘＝接線
↙＝剪線

## 提把織法

1 　鎖針起針35針，第1段挑鎖針的裡山，鉤織引拔針。

2 　第2段將織片翻面鉤織，挑第1段針目的外側1條線，鉤織引拔針。

3 　鉤織引拔針。

4 　第3、4段依第2段的方式鉤織。

---

# 01 Clutch Bag  *photo ... P.3*

**尺寸**　袋寬31㎝　袋深13.5㎝
**準備工具**
・**線材**　Hamanaka DOUGHNUT（200 g／球）
　　　　　原色（1）200 g
　　　　　Hamanaka Bonny（50 g／球）
　　　　　灰色（481）25 g
・**針具**　Hamanaka Ami Ami單頭鉤針〈金屬製〉
　　　　　10/0號、7/0號
**密度**　短針（袋身、袋蓋）　9針×11段＝10㎝正方形
**織法**　織線以指定的條數、配色進行鉤織。
袋身為鎖針起針2針，一邊鉤織短針，一邊在兩端進行加針，完成後剪線。在指定位置接線，開始鉤織袋蓋，在袋身中央挑28針，一邊鉤織短針，一邊在兩端進行減針，最終段開釦眼。參照縫製方法，將袋身的合印記號（★、☆）分別背面相對疊合，以捲針縫製作成信封狀。沿袋口與袋蓋邊緣，鉤織一圈灰色的短針滾邊。包釦是繞線作輪狀起針，依織圖鉤織後，接縫於袋身的指定位置。最後在包釦繫上流蘇即完成。

袋身不作立體編織，而是將扁平狀的織片分別對齊★與☆部分，以捲針縫製作成立體（袋形）的狀態。須避免織片太緊或太鬆，一對一段進行捲針縫。

織圖見次頁

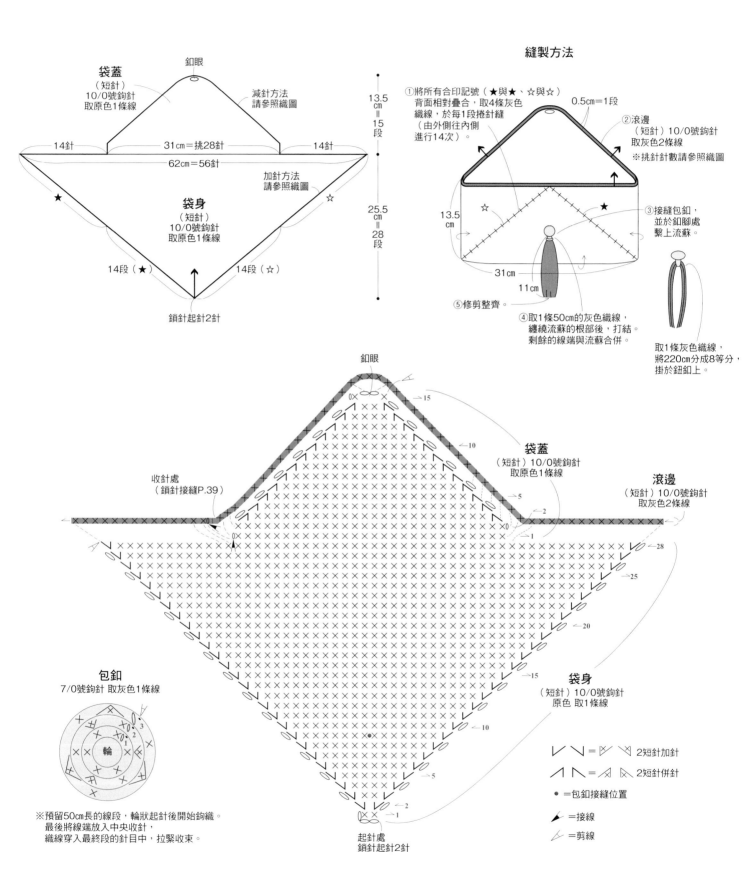

袋蓋
（短針）
10/0號鉤針
取原色1條線
釦眼
減針方法
請參照織圖

14針　　31cm＝挑28針　　14針
62cm＝56針

加針方法
請參照織圖

★
☆

袋身
（短針）
10/0號鉤針
取原色1條線

13.5cm＝15段
25.5cm＝28段

14段（★）　　　　14段（☆）

鎖針起針2針

縫製方法

①將所有合印記號（★與★、☆與☆）
背面相對疊合，取4條灰色
織線，於每1段捲針縫
（由外側往內側
進行14次）。

0.5cm＝1段

②滾邊
（短針）10/0號鉤針
取灰色2條線
※挑針針數請參照織圖

13.5cm

☆　　　　★

③接縫包釦，
並於釦腳處
繫上流蘇。

31cm

11cm

⑤修剪整齊。

④取1條50cm的灰色織線，
纏繞流蘇的根部後，打結。
剩餘的線端與流蘇合併。

取1條灰色織線，
將220cm分成8等分，
掛於鈕釦上。

釦眼

收針處
（鎖針接縫P.39）

袋蓋
（短針）10/0號鉤針
取原色1條線

滾邊
（短針）10/0號鉤針
取灰色2條線

→15
→10
→5
→2
→1
→0
×0
→28
→25
→20
→15
→10
→5
→2
→1

包釦
7/0號鉤針 取灰色1條線

輪

袋身
（短針）10/0號鉤針
原色 取1條線

∨∨ = ≫ ⋉ 2短針加針

∧∧ = ⋀ ⋊ 2短針併針

● =包釦接縫位置

➤ =接線

⤢ =剪線

※預留50cm長的線段，輪狀起針後開始鉤織。
最後將線端放入中央收針，
織線穿入最終段的針目中，拉緊收束。

起針處
鎖針起針2針

# 08 Bag *photo ... P.11*

**尺寸** 袋寬28cm 袋深20.5cm

**準備工具**

・**線材** Hamanaka DOUGHNUT（200 g／球）
藏青色（6）200 g
Hamanaka Piccolo（25 g／球）
淺粉紅色（40）35 g

・**針具** Hamanaka Ami Ami 8mm單頭棒針2支

**密度** 上針平面針 10針×14段＝10cm正方形

**織法** 藏青色與淺粉紅色各1條，以2條織線進行編織。袋身以手指掛線起針法起30針，不加減針編織58段平面針，收針段進行下針的套收針。織片翻至背面，將上針平面針當作正面，在指定位置挑針，編織提把，編織50段起伏針後暫休針。袋底處對摺，挑針綴縫縫合兩側脇邊。將提把休針處與袋身最終段對齊，以平面針併縫（下針）接合。

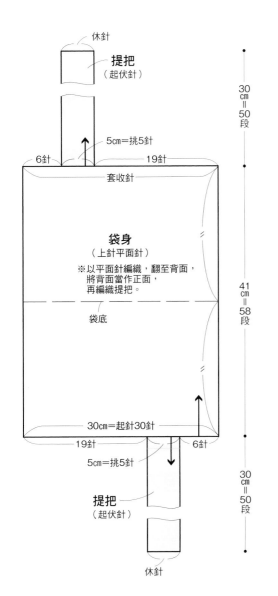

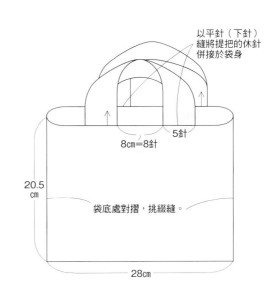

以平針（下針）縫將提把的休針併接於袋身

8cm＝8針

5針

20.5cm

袋底處對摺，挑綴縫。

28cm

休針

**提把**
（起伏針）

30cm＝50段

5cm＝挑5針

6針 19針

套收針

**袋身**
（上針平面針）
※以平面針編織，翻至背面，
將背面當作正面，
再編織提把。

袋底

41cm＝58段

30cm＝起針30針

19針 6針

5cm＝挑5針

30cm＝50段

**提把**
（起伏針）

休針

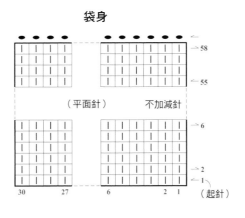

袋身

58
55
（平面針） 不加減針
6
2
1 （起針）
30 27 6 2 1

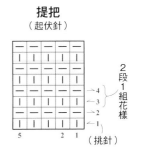

**提把**
（起伏針）

2段1組花樣

4
3
2
1
5 2 1 （挑針）

# 03 Bag  *photo...P.5*

**尺寸**　袋口寬17.5cm　袋深16cm
**準備工具**
・**線材**　Hamanaka DOUGHNUT（200 g／球）
　　　　原色（1）165 g
・**針具**　Hamanaka Ami Ami 竹製鉤針10mm
**密度**　短針　8.5針＝10cm、2段＝2cm
　　　　花樣編　1組花樣＝2.5cm、1組花樣（2段）＝4cm

**織法**　取1條織線進行鉤織。
從袋底開始鉤織，鎖針起針19針，依織圖鉤織2段，進行短針的加針。接續鉤織袋身的花樣編（參照P.44、P.51），不加減針鉤織6段。鉤織袋口與提把的緣編。第1段一邊抓褶襉，一邊進行（參照P.51），第2段鉤織提把開口的鎖針，全部鉤織4段後，收針處進行鎖針接縫（袋口與提把的第2段依P.40的要領鉤織）。

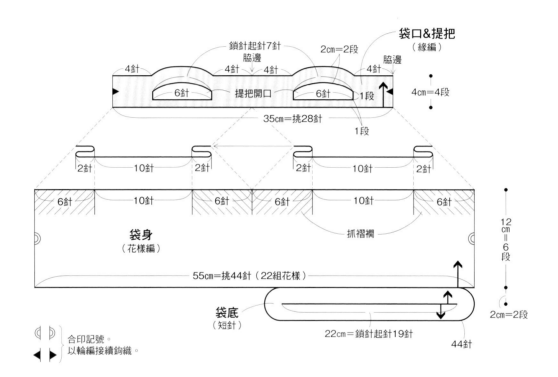

袋口&提把（緣編）

鎖針起針7針
脇邊
4針　　　4針　　4針　2cm=2段　脇邊　4針
6針　　　提把開口　　　6針　1段
35cm=挑28針
4cm=4段
1段

2針　10針　2針　　2針　10針　2針

6針　10針　6針　6針　10針　6針
袋身（花樣編）
抓褶襉
55cm=挑44針（22組花樣）
12cm=6段
袋底（短針）
22cm=鎖針起針19針
44針
2cm=2段

合印記號。
以輪編接續鉤織。

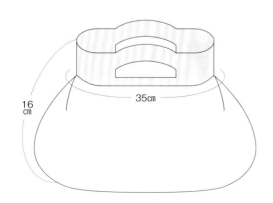

35cm
16cm

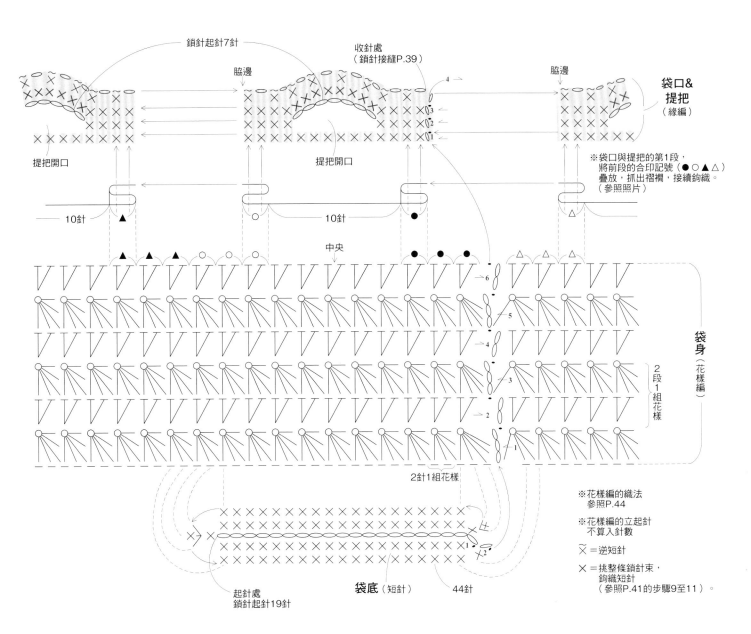

鎖針起針7針

收針處
（鎖針接縫P.39）

脇邊

脇邊

袋口&
提把
（緣編）

提把開口

提把開口

※袋口與提把的第1段，
將前段的合印記號（●○▲△）
疊放，抓出褶襉，接續鉤織。
（參照照片）

10針　　▲

10針　　●

△

中央

6

5

4

3

2

1

袋身
（花樣編）

2段1組花樣

2針1組花樣

※花樣編的織法
　參照P.44

※花樣編的立起針
　不算入針數

$\tilde{\times}$ ＝逆短針

$\times$ ＝挑整條鎖針束，
　　鉤織短針
　　（參照P.41的步驟9至11）。

袋底（短針）

44針

起針處
鎖針起針19針

## 花樣編（袋身）第1段的織法

1　依P.44的要領，僅第1段挑前段
　　針頭的外側1條線，鉤織花樣
　　編。

2　前段針頭的內側1條線留於正
　　面，完成筋編。

## 褶襉（袋口與提把的第1段）的織法

1　摺疊上方織圖●部分的織片，一
　　次穿入3針，鉤織短針。

2　完成短針，形成褶襉。▲依●相
　　同的摺疊方式，○與△則呈對稱
　　摺疊後，以相同方式鉤織。

# 04 Bag

*photo ... P.6,7*

**尺寸** 袋寬27.5cm 袋深30cm
**準備工具**
・**線材** Hamanaka DOUGHNUT（200 g／球）
　　　　淺駝色（2）195 g　藍綠色（5）135 g
・**針具** Hamanaka Ami Ami 竹製鉤針7mm
・**其他** 厚紙板
**密度** 短針的筋編、條紋花樣編
　　　　10.5針×9段＝10cm正方形

**織法** 取1條織線，並以指定的色線進行鉤織。
從袋底開始鉤織，鎖針起針26針，依織圖鉤織1段短針加針。接著鉤織袋身，不加減針進行短針筋編與條紋花樣編（參照P.53）。繼續進行袋口與提把的緣編，第1段要鉤織提把開口的鎖針，全部鉤織4段後，收針處進行鎖針接縫。沿提把開口鉤織1段引拔針（袋口與提把、提把滾邊依P.40的要領鉤織）。製作A、B流蘇各1個，分別繫於指定位置（參照左圖）。

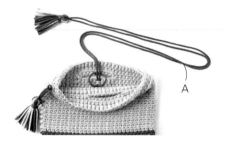

於袋口內側繫上線繩A，外側繫上線繩B（位置參照P.53織圖）。將繩圈穿入織片，再將流蘇穿過繩圈之中，拉緊固定即可。

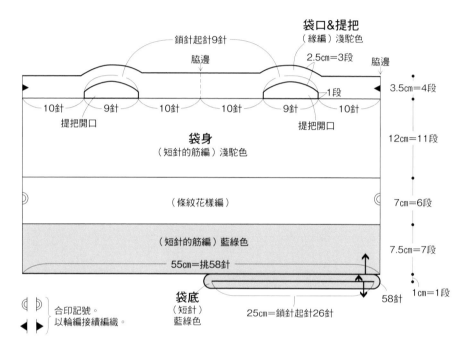

合印記號。
以輪編接續編織。

**袋口&提把**
（緣編）淺駝色

鎖針起針9針
脇邊
2.5cm=3段
脇邊
1段
3.5cm=4段
10針　9針　10針　10針　9針　10針
提把開口　　　　　　　　　　　　提把開口

**袋身**
（短針的筋編）淺駝色
12cm=11段

（條紋花樣編）
7cm=6段

（短針的筋編）藍綠色
55cm=挑58針
7.5cm=7段

1cm=1段
58針

**袋底**
（短針）藍綠色
25cm=鎖針起針26針

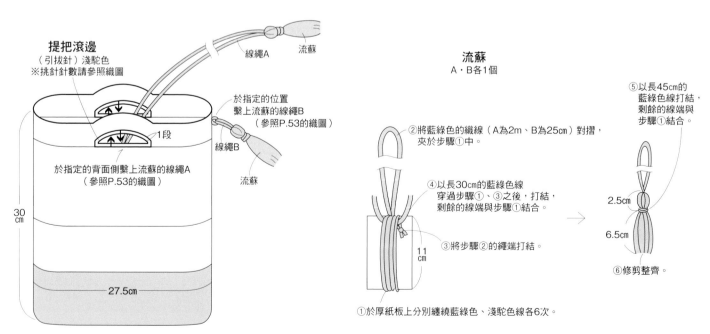

**提把滾邊**
（引拔針）淺駝色
※挑針針數請參照織圖

線繩A
流蘇
於指定的位置繫上流蘇的線繩B（參照P.53的織圖）
線繩B
流蘇
於指定的背面側繫上流蘇的線繩A（參照P.53的織圖）
1段

30cm
27.5cm

**流蘇**
A・B各1個

②將藍綠色的織線（A為2m、B為25cm）對摺，夾於步驟①中。

④以長30cm的藍綠色線穿過步驟①、③之後，打結，剩餘的線端與步驟①結合。

③將步驟②的繩端打結。

11cm

⑤以長45cm的藍綠色線打結，剩餘的線端與步驟①結合。

2.5cm
6.5cm

⑥修剪整齊。

①於厚紙板上分別纏繞藍綠色、淺駝色線各6次。

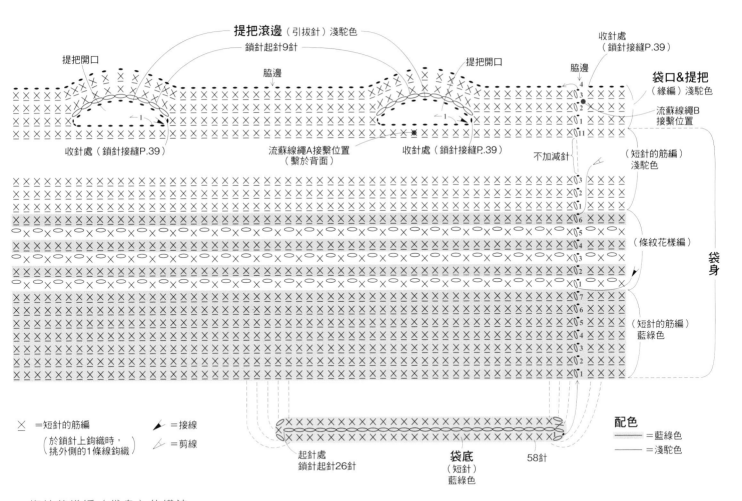

提把滾邊（引拔針）淺駝色

鎖針起針9針

提把開口

收針處
（鎖針接縫P.39）

脇邊

提把開口

脇邊

袋口&提把
（緣編）淺駝色

流蘇線繩B
接繫位置

收針處（鎖針接縫P.39）

流蘇線繩A接繫位置
（繫於背面）

收針處（鎖針接縫P.39）

不加減針

（短針的筋編）
淺駝色

（條紋花樣編）

袋身

（短針的筋編）
藍綠色

╳ ＝短針的筋編
（於鎖針上鉤織時，
挑外側的1條線鉤織）

▶ ＝接線
╲ ＝剪線

起針處
鎖針起針26針

袋底
（短針）
藍綠色

58針

**配色**
━━━ ＝藍綠色
──── ＝淺駝色

## 條紋花樣編（袋身）的織法

*1* 第1段以淺駝色織線依上方的織圖鉤織，第2
段換成藍綠色織線，鉤織短針的筋編。當前段
為短針時，挑針頭外側（1條線）入針。

*2* 掛線鉤出織線，鉤針掛線，一次引拔。

*3* 短針的筋編完成的模樣。

*3* 當前段為短針時，可依步驟*1*的要領，於外側
（1條線）入針，鉤織短針。

*4* 短針的筋編完成的模樣。重複步驟*1*至*4*。第
3段之後，重複第1、2段的方式繼續鉤織。

條紋花樣編、短針的筋編（袋身）的原寸大小。

# 05 Bag  *photo … P.8*

尺寸　袋口寬36cm　袋深26.5cm
準備工具
・線材　Hamanaka DOUGHNUT（200ｇ／球）
　　　　紅色（7）、淺駝色（2）各190ｇ
・針具　Hamanaka Ami Ami單頭鉤針〈金屬製〉10/0號
・其他　Hamanaka皮革底（大）
　　　　焦茶色（直徑20cm／H204-616）1片
密度　花樣編　12.5針×11.5段＝10cm正方形
織法　取1條織線，以指定的色線進行鉤織。
預留150cm長的線段後開始鉤織袋身，鎖針起針60針，頭
尾以引拔針接合成環。進行花樣編的輪編（每段織完即翻
面）。鉤完第1段60針的短針後，第2段加至90針（30組
花樣），第3段開始不加減針進行鉤織。看著正面接續鉤織
袋口與提把，鉤織短針的輪編。在第1段鉤織提把開口的鎖
針，全部鉤織3段後，收針處進行鎖針接縫。沿提把開口鉤
織緣編（袋口與提把、提把滾邊參照P.40）。以起針處預留
的線段進行捲針縫，縫合袋身的起針段與皮革底的孔洞（參
照P.39）即完成。

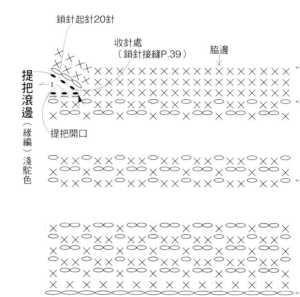

鎖針起針20針
收針處
（鎖針接縫P.39）
脇邊
提把滾邊（緣編）淺駝色
提把開口

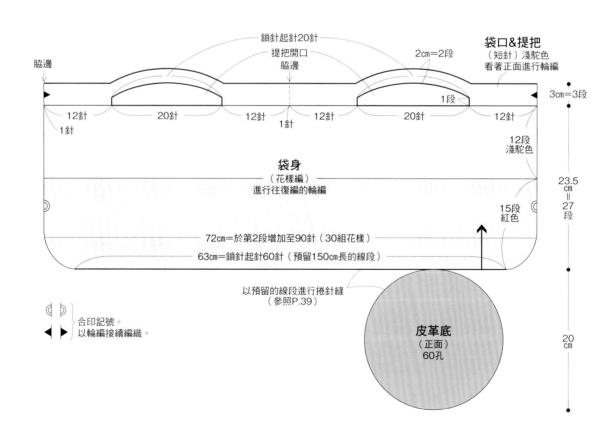

脇邊

鎖針起針20針
提把開口
脇邊

2cm=2段

袋口&提把
（短針）淺駝色
看著正面進行輪編

12針　　20針　　12針　　12針　　20針　　12針
1針　　　　　　　　　1針

1段

3cm=3段

12段
淺駝色

袋身
（花樣編）
進行往復編的輪編

72cm=於第2段增加至90針（30組花樣）
63cm=鎖針起針60針（預留150cm長的線段）

15段
紅色

23.5
cm
=
27
段

20
cm

以預留的線段進行捲針縫
（參照P.39）

皮革底
（正面）
60孔

）（ )( ：合印記號。
◀ ▶ ：以輪編接續編織。

54

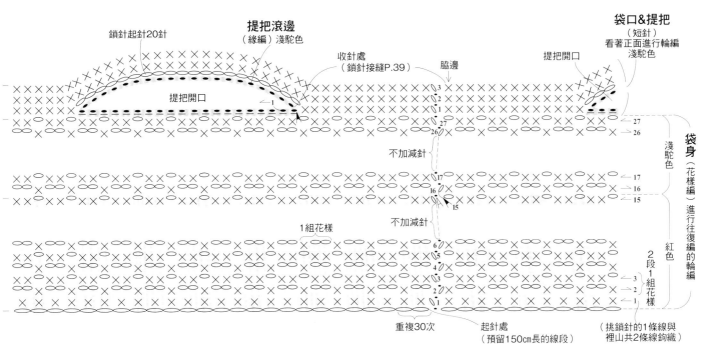

鎖針起針20針

**提把滾邊**
（緣編）淺駝色

提把開口

**袋口&提把**
（短針）
看著正面進行輪編
淺駝色

收針處
（鎖針接縫P.39）

脇邊

提把開口

不加減針

27
26

淺駝色

**袋身**（花樣編）進行往復編的輪編

17
16
15

紅色

1組花樣

不加減針

15
16
17

2段1組花樣

6
5
4
3
2
1

3
2
1

重複30次

起針處
（預留150cm長的線段）

（挑鎖針的1條線與
裡山共2條線鉤織）

● =引拔針的筋編
（在袋身第27段的鎖針上鉤織時，
是將鉤針穿入針目中鉤織）

✎ =接線

✎ =剪線

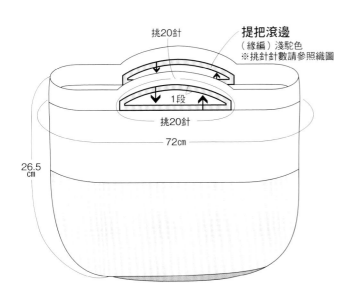

挑20針

**提把滾邊**
（緣編）淺駝色
※挑針針數請參照織圖

1段

挑20針

72cm

26.5
cm

花樣編（袋身）的原寸大小。

# 06 Bag  *photo ... P.9*

A

B

尺寸　A 袋口寬31cm　袋深13.5cm
　　　B 袋口寬27.5cm　袋深11.5cm

**準備工具**

・線材　Hamanaka DOUGHNUT（200 g／球）
　　　　淺駝色（2）　A 190 g　B 145 g
・針具　Hamanaka Ami Ami 竹製鉤針7mm
密度　短針　A 9針×9.5段＝10cm正方形
　　　　　　B 9針＝10cm、8段＝8.5cm

**織法**　取1條織線進行鉤織。

從袋底開始鉤織，繞線作輪狀起針，織入7針短針，第2段開始依織圖進行短針加針。接著以不加減針的短針鉤織袋身。
鉤織袋口與提把的短針，在第1段鉤織提把開口的鎖針，全部鉤織3段後，收針處進行鎖針接縫（袋口與提把依P.40的要領鉤織）。

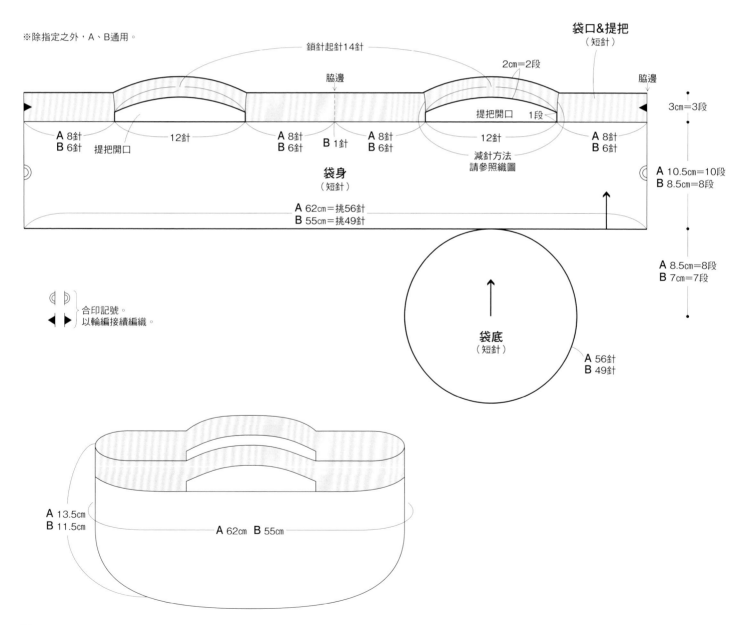

※除指定之外，A、B通用。

袋口&提把
（短針）

鎖針起針14針

脇邊

脇邊

2cm＝2段

提把開口　1段

3cm＝3段

A 8針
B 6針

提把開口

12針

A 8針
B 6針

B 1針

A 8針
B 6針

A 8針
B 6針

12針

減針方法
請參照織圖

A 8針
B 6針

A 10.5cm＝10段
B 8.5cm＝8段

袋身
（短針）

A 62cm＝挑56針
B 55cm＝挑49針

A 8.5cm＝8段
B 7cm＝7段

合印記號。
以輪編接續編織。

袋底
（短針）

A 56針
B 49針

A 13.5cm
B 11.5cm

A 62cm　B 55cm

**A**

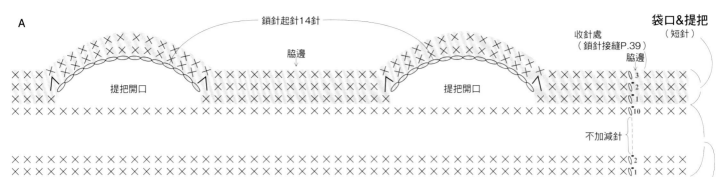

鎖針起針14針

脇邊

提把開口

提把開口

收針處
（鎖針接縫P.39）
脇邊

袋口&提把
（短針）

3
2
1
10

不加減針

2
1

（短針）袋身

### 袋底針數&加針方法

| 段 | 針數 | 加針方法 |
|---|---|---|
| 8 | 56針 | |
| 7 | 49針 | |
| 6 | 42針 | |
| 5 | 35針 | 每段加7針 |
| 4 | 28針 | |
| 3 | 21針 | |
| 2 | 14針 | |
| 1 | 織入7針 | |

∨ = 2短針加針

∧ = 2短針併針

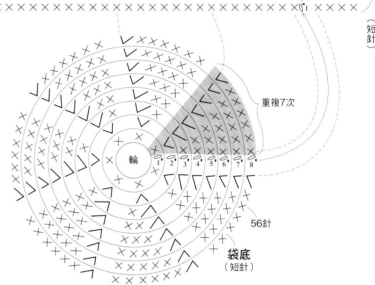

重複7次

56針

袋底
（短針）

---

**B**

鎖針起針14針

脇邊

提把開口

提把開口

收針處
（鎖針接縫P.39）
脇邊

袋口&提把
（短針）

3
2
1

8
7
6
5
4
3
2
1

袋身
（短針）

### 袋底針數&加針方法

| 段 | 針數 | 加針方法 |
|---|---|---|
| 7 | 49針 | |
| 6 | 42針 | |
| 5 | 35針 | 每段加7針 |
| 4 | 28針 | |
| 3 | 21針 | |
| 2 | 14針 | |
| 1 | 織入7針 | |

∨ = 2短針加針

∧ = 2短針併針

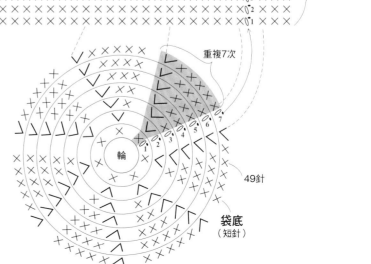

重複7次

49針

袋底
（短針）

# 07 Hat *photo...P.10*

**尺寸** 頭圍54cm　帽深19cm

**準備工具**
・**線材** Hamanaka Piccolo（25 g／球）　灰色（33）35 g
　　　　 Hamanaka DOUGHNUT（200 g／球）　藍綠色（5）35 g
・**針具** Hamanaka Ami Ami單頭鉤針〈金屬製〉6/0號
**密度** 花樣編　21針×15段＝10cm正方形

**織法** 取1條織線進行鉤織。
使用灰色織線開始鉤織帽頂，繞線作輪狀起針，織入6針短針。第2段開始一邊包編藍綠色織線，一邊依織圖進行花樣編的加針（參照步驟圖）。繼續以相同方式鉤織帽冠與反摺份，收針處進行鎖針接縫。最後將反摺份往外側反摺即完成。

## 花樣編（帽頂）的織法

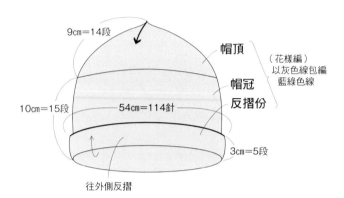

9cm＝14段
帽頂
（花樣編）
以灰色線包編
藍綠色線
帽冠
反摺份
10cm＝15段
54cm＝114針
3cm＝5段
往外側反摺

*1* 以灰色織線鉤織第1段，第2段鉤1針立起針的鎖針後，將藍綠色線掛在鉤針上，鉤織短針。

*2* 完成短針，包編藍綠色織線的模樣。

鎖針

*3* 鉤織1針鎖針，依步驟*1*的要領一邊包編藍綠色織線，一邊以灰色織線鉤織短針。

*4* 完成短針，包編藍綠色織線的模樣。

*5* 重複步驟*3*、*4*，鉤織終點是在最初的短針針頭（2條線）挑針鉤織。

*6* 一邊包編藍綠色織線，一邊將灰色織線掛線之後，一次引拔。

*7* 鉤好引拔針，第2段完成的模樣。

*8* 第3段之後，依第2段的要領鉤織（圖為編織至第6段的模樣）。

### 針數&加針方法・減針方法

| | 段 | 針數 | 加針・減針方法 |
|---|---|---|---|
| 反摺份 | 5 | 114針 | 減38針 |
| | 2至4 | 152針 | 不加減針 |
| | 1 | 152針 | 加38針 |
| 帽冠 | 6至15 | 114針 | 不加減針 |
| | 5 | 114針 | 加6針 |
| | 1至4 | 108針 | 不加減針 |
| 帽頂 | 14 | 108針 | 加12針 |
| | 13 | 96針 | 不加減針 |
| | 12 | 96針 | 各加12針 |
| | 11 | 84針 | |
| | 10 | 72針 | |
| | 9 | 60針 | 不加減針 |
| | 8 | 60針 | 各加12針 |
| | 7 | 48針 | |
| | 6 | 36針 | 不加減針 |
| | 5 | 36針 | 各加12針 |
| | 4 | 24針 | |
| | 3 | 12針 | 不加減針 |
| | 2 | 12針 | 加6針 |
| | 1 | 織入6針 | |

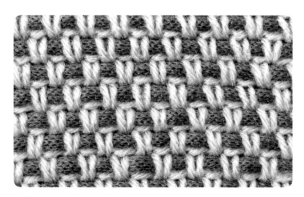

花樣編（帽冠）的原寸大小

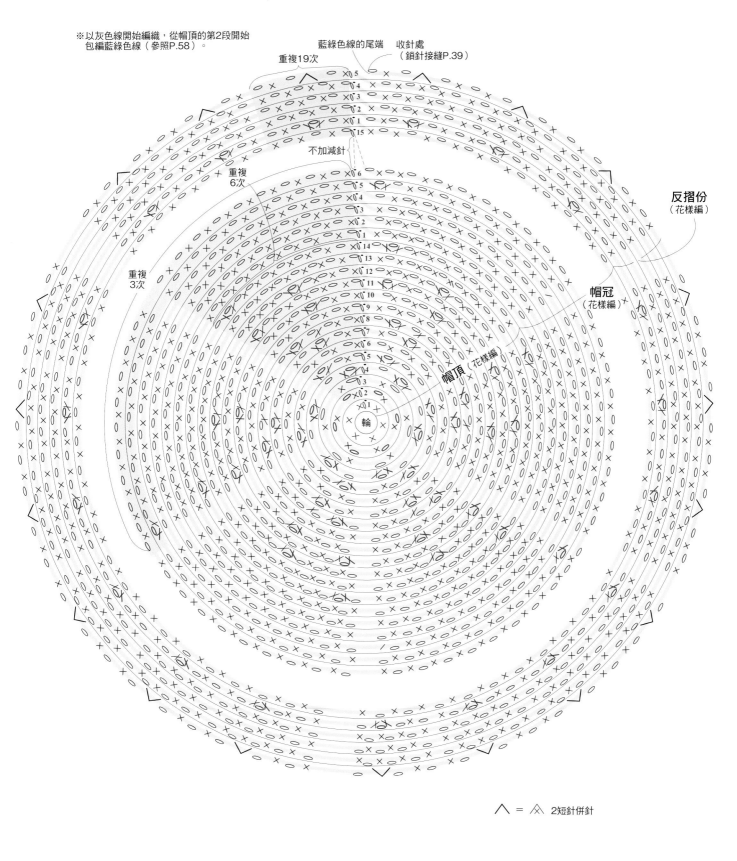

※以灰色線開始編織，從帽頂的第2段開始
包編藍綠色線（參照P.58）。

藍綠色線的尾端　收針處
（鎖針接縫P.39）

重複19次

不加減針

重複
6次

反摺份
（花樣編）

重複
3次

帽冠
（花樣編）

帽頂（花樣編）

輪

∧ = ⋀ 2短針併針

# 09 Bag *photo...P.12*

**尺寸** 袋口寬30cm 袋深18.5cm

**準備工具**
- **線材** Hamanaka DOUGHNUT（200 g／球）
  黃色（3）195 g
- **針具** Hamanaka Ami Ami 10mm棒針4支
  15號單頭棒針2支

**密度** 花樣編 8針×14段＝10cm正方形

**織法** 取1條織線，以指定的針具進行編織。
輪編起針（參照下方插圖）開始編織袋底，交互編織下針與掛針共6針。第2段開始依織圖加針，進行輪編。接著，以不加減針的花樣編編織袋身。繼續編織袋口（花樣編）與提把（平面針），收針處暫休針。對齊提把的休針段，以平面針（下針）併縫接合即完成。

### 輪編的起針

線頭繞線作出線圈，
依序編織下針、掛針共6針
（第1段）。收緊線端，
第2段開始分為3枝棒針進行編織。

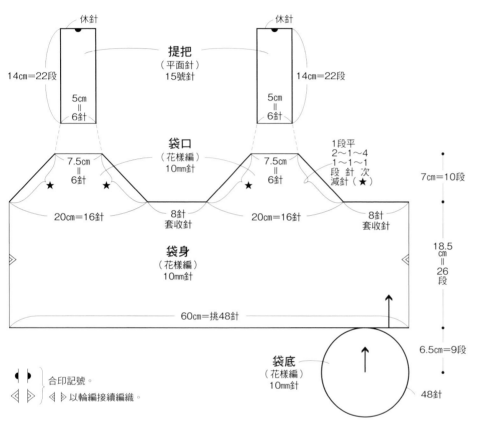

休針

提把
（平面針）
15號針

14cm＝22段

5cm
＝
6針

袋口
（花樣編）
10mm針

7.5cm
＝
6針

★    ★

20cm＝16針

8針
套收針

袋身
（花樣編）
10mm針

1段平
2～1～4
1～1～1
段 針 次
減針（★）

7cm＝10段

18.5
cm
＝
26
段

60cm＝挑48針

6.5cm＝9段

48針

袋底
（花樣編）
10mm針

◖◗ 合印記號。

◁▷ ◁▷以輪編接續編織。

### 袋底針數&加針方法

| 段 | 針數 | 加針方法 |
|---|---|---|
| 8・9 | 48針 | 不加減針 |
| 7 | 48針 | 加24針 |
| 6 | 24針 | 不加減針 |
| 5 | 24針 | 加12針 |
| 4 | 12針 | 不加減針 |
| 3 | 12針 | 加6針 |
| 2 | 6針 | 不加減針 |
| 1 | 織入6針 | |

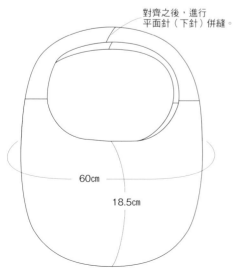

對齊之後，進行
平面針（下針）併縫。

60cm

18.5cm

花樣編（袋身）的原寸大小

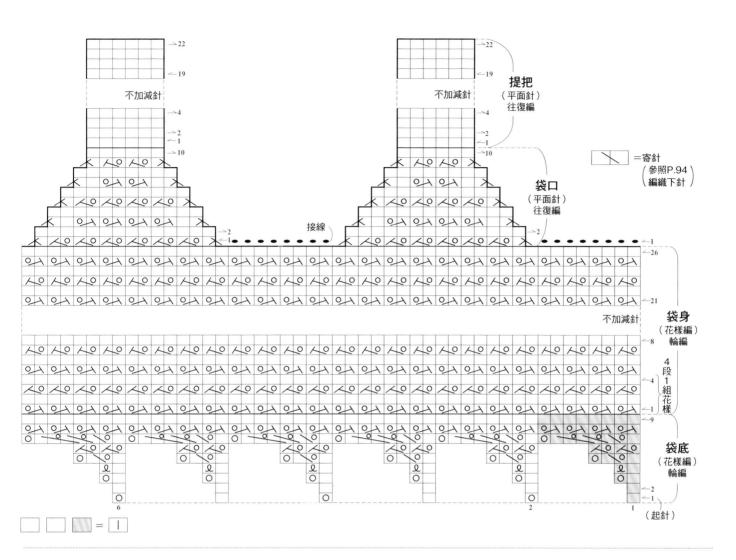

→22
←19
不加減針
→4
→2
→1
→10

提把
（平面針）
往復編

袋口
（平面針）
往復編

＝寄針
（參照P.94）
（編織下針）

接線
→2
→1

→26
→21
不加減針

袋身
（花樣編）
輪編

4
段
1
組
花
樣

→8
→4
→1
←9

袋底
（花樣編）
輪編

→2
→1
（起針）

6　　　　　2　　　1

= |

## 26 Mat *photo ... P.33*

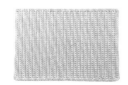

**尺寸**　39cm×55cm
**準備工具**
・**線材**　Hamanaka DOUGHNUT
　　　　（200 g／球）
　　　　淺駝色（2）400 g
・**針具**　Hamanaka Ami Ami
　　　　竹製鉤針7mm
**密度**　短針　9針×11段＝10cm正方形
**織法**　取1條織線進行鉤織。
鎖針起針33針，鉤織58段短針，接著沿
周圍鉤織1段短針，收針處進行鎖針接
縫。

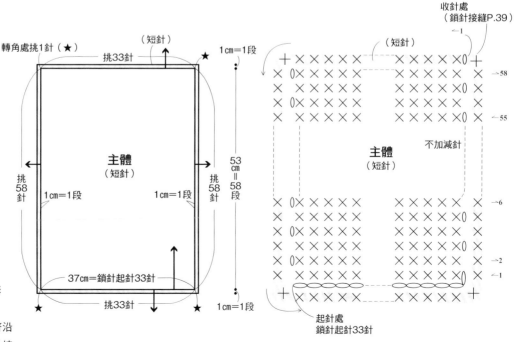

轉角處挑1針（★）
（短針）
挑33針
1cm＝1段
★

挑
58
針
1cm＝1段

主體
（短針）

挑
58
針
1cm＝1段

53
cm
＝
58
段

37cm＝鎖針起針33針
挑33針
1cm＝1段

收針處
（鎖針接縫P.39）
→1
（短針）
→58
→55

不加減針

主體
（短針）

→6
→2
→1
起針處
鎖針起針33針

# 10 Bag *photo ... P.13*

**尺寸** 袋口寬26cm　袋深16.5cm
**準備工具**
・**線材** Hamanaka DOUGHNUT（200 g／球）200 g
　　　　　A 原色（1）　B 淺駝色（2）
・**針具** Hamanaka Ami Ami 竹製鉤針7mm
**密度** 短針　10針＝10cm、7段＝7.5cm
　　　　花樣編　10針＝10cm、7段＝9cm

**織法** 取1條織線進行鉤織。
繞線作輪狀起針開始鉤織袋底，織入7針短針。第2段開始依織圖進行短針的加針，接著以不加減針的短針與花樣編鉤織袋身。繼續以短針鉤織袋口與提把，在第1段鉤織提把開口的鎖針，鉤織2段後，收針處進行鎖針接縫。沿提把開口鉤織1段短針（袋口與提把、提把滾邊依P.40的要領鉤織）。

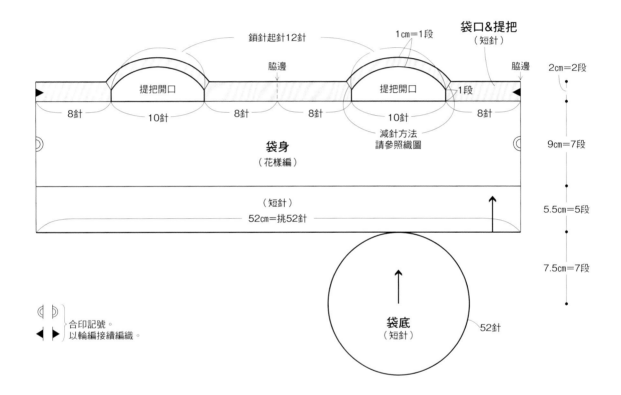

合印記號。
以輪編接續編織。

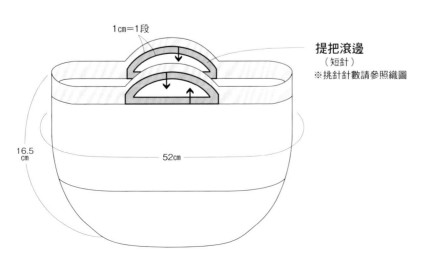

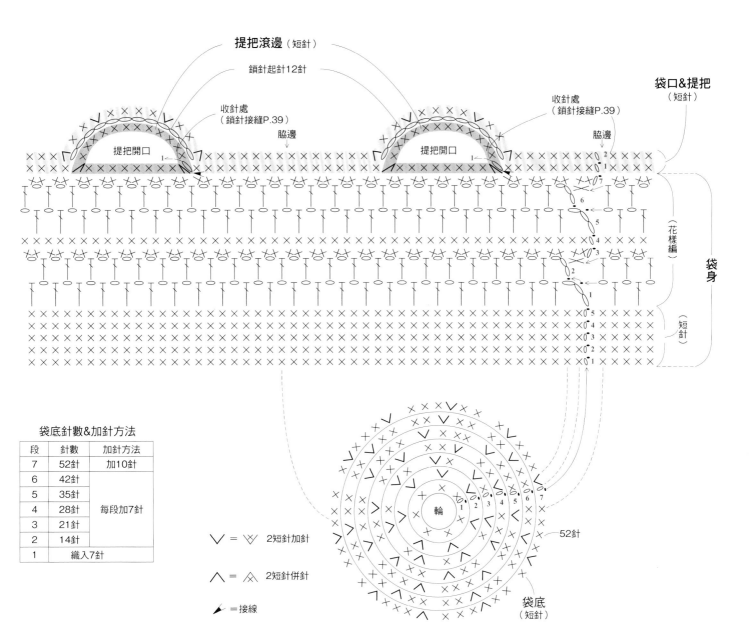

**提把滾邊**（短針）

鎖針起針12針

收針處（鎖針接縫P.39）

脇邊

提把開口

袋口&提把（短針）

收針處（鎖針接縫P.39）

脇邊

提把開口

（花樣編）

（短針）

袋身

袋底針數&加針方法

| 段 | 針數 | 加針方法 |
|---|---|---|
| 7 | 52針 | 加10針 |
| 6 | 42針 | 每段加7針 |
| 5 | 35針 | |
| 4 | 28針 | |
| 3 | 21針 | |
| 2 | 14針 | |
| 1 | 織入7針 | |

∨ = 2短針加針

∧ = 2短針併針

= 接線

輪

52針

袋底（短針）

# 11 Bag *photo...P.14・P.15*

尺寸　袋口寬26.5cm　袋深17cm

**準備工具**

・**線材**　Hamanaka DOUGHNUT（200 g／球）
　　　　　紅色（7）385 g

・**針具**　Hamanaka Ami Ami 竹製鉤針7mm

**密度**　短針　10.5針×11.5段＝10cm正方形

**織法**　取1條織線進行鉤織。

鎖針起針12針，開始鉤織袋底，依織圖鉤織9段
短針的加針。接著鉤織17段短針的加減針，完成
袋身後暫休針。參照P.42，在指定位置接上同色
線，鉤織30針鎖針，再挑針鉤織2段短針，完成
提把滾邊，收針處進行鎖針接縫。袋口與提把以
暫休針的織線鉤織2段短針，收針處進行鎖針接
縫即完成。

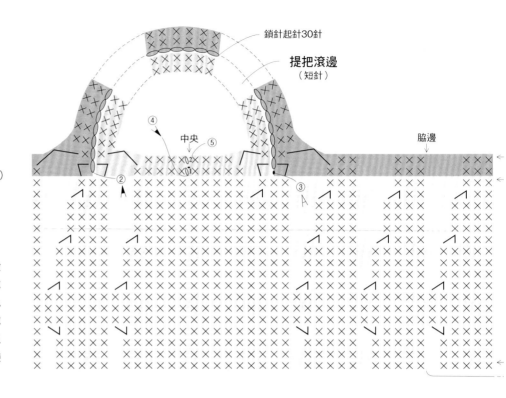

鎖針起針30針

**提把滾邊**
（短針）

中央

脇邊

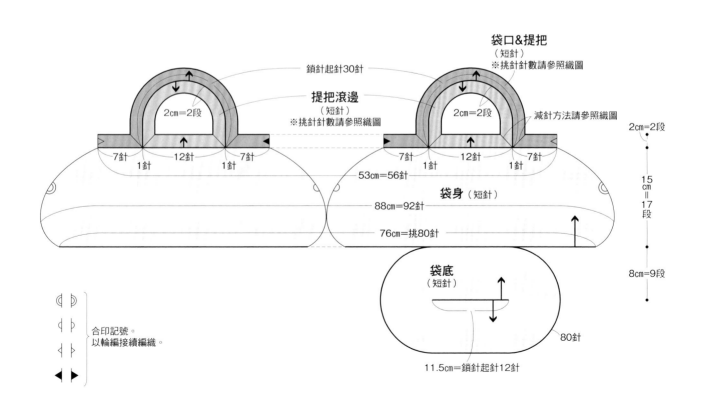

鎖針起針30針

**提把滾邊**
（短針）
※挑針針數請參照織圖

**袋口&提把**
（短針）
※挑針針數請參照織圖

減針方法請參照織圖

2cm＝2段

7針　12針　7針
1針　　　　1針

2cm＝2段

15cm＝17段

53cm＝56針

**袋身**（短針）

88cm＝92針

76cm＝挑80針

8cm＝9段

**袋底**（短針）

80針

11.5cm＝鎖針起針12針

合印記號。
以輪編接續編織。

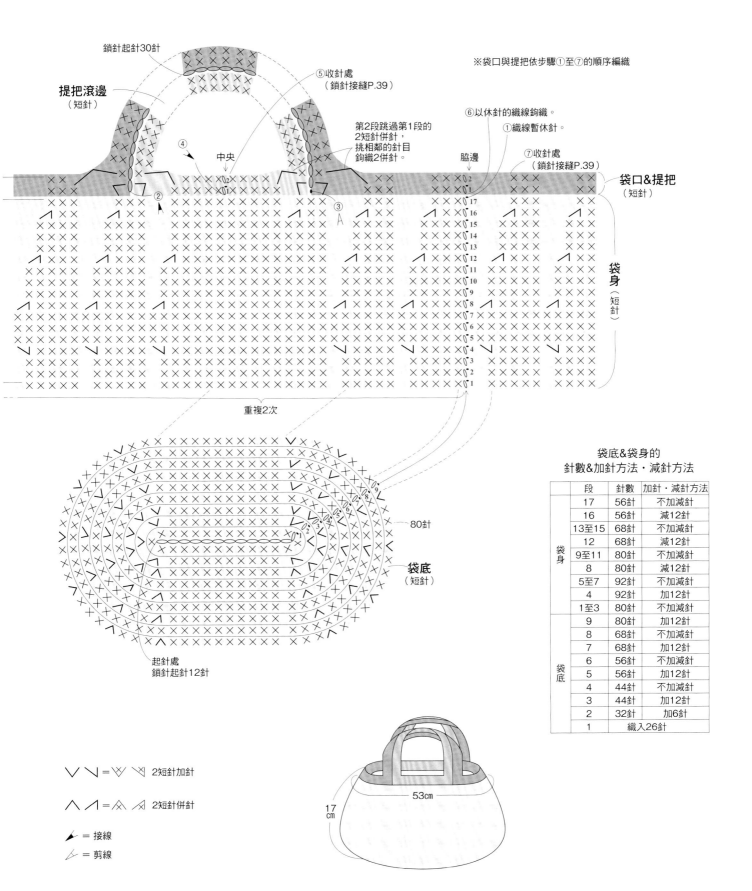

鎖針起針30針

提把滾邊
（短針）

⑤收針處
（鎖針接縫P.39）

※袋口與提把依步驟①至⑦的順序編織

⑥以休針的織線鉤織。
①織線暫休針。
⑦收針處
（鎖針接縫P.39）

第2段跳過第1段的
2短針併針，
挑相鄰的針目
鉤織2併針。

脇邊

④

中央

袋口&提把
（短針）

②

③

袋身
（短針）

重複2次

80針

袋底
（短針）

起針處
鎖針起針12針

袋底&袋身的
針數&加針方法·減針方法

|  | 段 | 針數 | 加針·減針方法 |
|---|---|---|---|
| 袋身 | 17 | 56針 | 不加減針 |
|  | 16 | 56針 | 減12針 |
|  | 13至15 | 68針 | 不加減針 |
|  | 12 | 68針 | 減12針 |
|  | 9至11 | 80針 | 不加減針 |
|  | 8 | 80針 | 減12針 |
|  | 5至7 | 92針 | 不加減針 |
|  | 4 | 92針 | 加12針 |
|  | 1至3 | 80針 | 不加減針 |
| 袋底 | 9 | 80針 | 加12針 |
|  | 8 | 68針 | 不加減針 |
|  | 7 | 68針 | 加12針 |
|  | 6 | 56針 | 不加減針 |
|  | 5 | 56針 | 加12針 |
|  | 4 | 44針 | 不加減針 |
|  | 3 | 44針 | 加12針 |
|  | 2 | 32針 | 加6針 |
|  | 1 | 織入26針 | |

∨ ⊻ = ⩒ ⩗ 2短針加針

∧ ⋀ = ⩘ ⩙ 2短針併針

◥ = 接線

◿ = 剪線

53cm

17cm

65

# 12 Bag *photo ... P.16*

尺寸　袋口寬26cm　袋深14.5cm

準備工具

・線材　Hamanaka DOUGHNUT（200 g／球）200 g

　　　　*A* 淺駝色（2）　*B* 藏青色（6）　*C* 黃色（3）

・針具　Hamanaka Ami Ami 竹製鉤針7mm

密度　短針　　10.5針＝10cm、7段＝7cm

　　　　花樣編　10.5針×14.5段＝10cm正方形

織法　取1條織線進行鉤織。

鎖針起針20針，開始鉤織袋底，以往復編鉤織7段不加減針的短針後剪線。於指定位置接線，沿袋底周圍挑針鉤織袋身，不加減針鉤織18段花樣編（參照P.67）的輪編。接著鉤織袋口與提把的緣編，在第1段鉤織提把開口的鎖針，收針處進行鎖針接縫（袋口與提把依P.40的要領鉤織）。

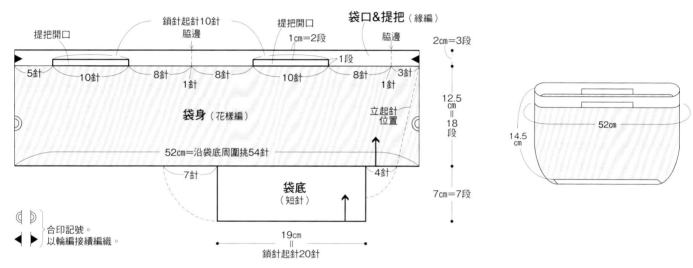

合印記號。
以輪編接續編織。

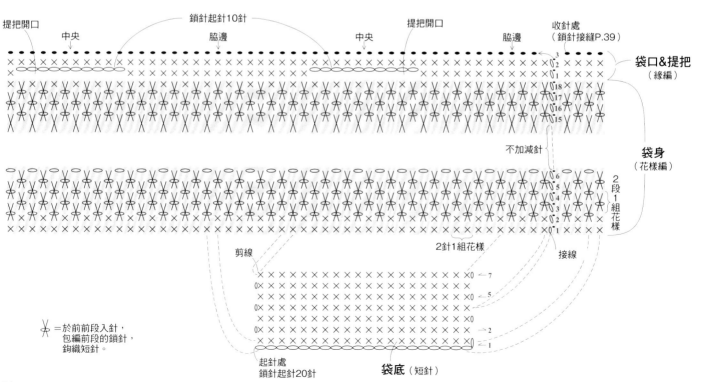

✕ ＝於前前段入針，
　　包編前段的鎖針，
　　鉤織短針。

花樣編（袋身）的織法

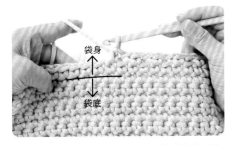

*1* 第1段鉤織短針，第2段如圖重複鉤織「1針短針與1針鎖針」。

*2* 第3段依第2段的方式重複鉤織「1針短針與1針鎖針」，但短針是在前前段（第1段）的短針針頭（2條線）入針。

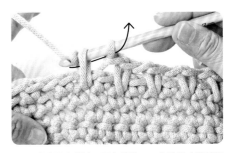

*3* 掛線鉤出織線，再次掛線，一次引拔（將前段的鎖針包編在裡面）。

*4* 完成短針。由於是在前前段挑針編織，因此形成縱長的針目。

*5* 第4段依第3段的要領，短針是挑前前段（第2段）的短針針頭。

*6* 掛線鉤出織線，再次掛線，一次引拔。

*7* 完成短針。第5段之後，重複第3、4段的方式鉤織。

花樣編（袋身）的原寸大小

# 13 Clutch Bag *photo ... P.17*

**尺寸** 袋寬30cm 袋深22.5cm

**準備工具**
- **線材** Hamanaka DOUGHNUT（200 g／球）
  原色（1）、黑色（8）各105 g
  Hamanaka Piccolo（25 g／球）原色（2）20 g
- **針具** Hamanaka Ami Ami 15號單頭棒針2支
- **其他** 長40cm拉鍊1條
  厚紙板 手縫線 手縫針
- **密度** 上針平面針、平面針
  10針×15段＝10cm正方形

**織法** 以指定的織線、條數進行編織。
手指掛線起針法起32針，開始編織袋身，依序進行不加減針的上針平面針、平面針，收針段織下針的套收針。在起針段的另一側挑針，織法同上針。參照縫製方法，將織片背面相對對摺，兩脇邊進行綴縫。以手縫線、手縫針接縫拉鍊，製作流蘇，繫於拉鍊環即完成。

手縫線穿針，以回針縫縫製拉鍊，須避免縫到正面影響美觀。當織片與拉鍊的長度不一致時，請依縫製方法②調整拉鍊長度。

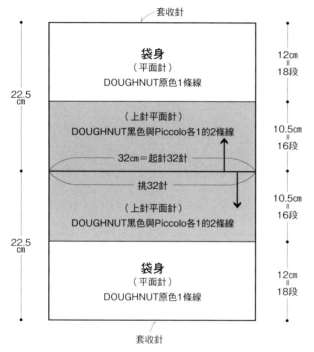

套收針

袋身
（平面針）
DOUGHNUT原色1條線

22.5 cm

12cm ＝ 18段

（上針平面針）
DOUGHNUT黑色與Piccolo各1的2條線

10.5cm ＝ 16段

32cm＝起針32針

挑32針

（上針平面針）
DOUGHNUT黑色與Piccolo各1的2條線

10.5cm ＝ 16段

袋身
（平面針）
DOUGHNUT原色1條線

22.5 cm

12cm ＝ 18段

套收針

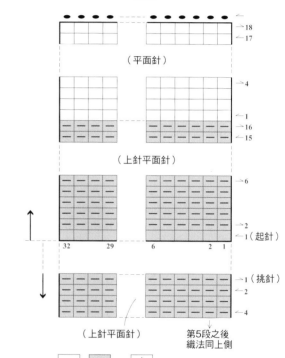

袋身

（平面針）

→18
←17

→4
←1
←16
←15

（上針平面針）

→6
→2
→1（起針）

32  29    6    2  1

（上針平面針）

→1（挑針）
→2
←4

第5段之後
織法同上側

▢ ▨ ＝ |

**縫製方法**

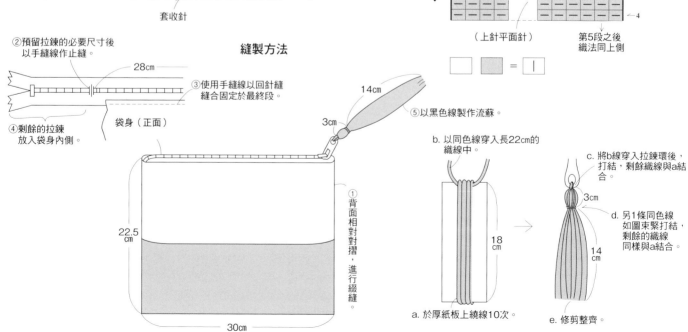

②預留拉鍊的必要尺寸後
以手縫線作止縫。

28cm

③使用手縫線以回針縫
縫合固定於最終段。

袋身（正面）

④剩餘的拉鍊
放入袋身內側。

22.5 cm

30cm

①背面相對對摺，進行綴縫。

14cm

3cm

⑤以黑色線製作流蘇。

b. 以同色線穿入長22cm的
織線中。

18 cm

a. 於厚紙板上繞線10次。

c. 將b線穿入拉鍊環後，
打結，剩餘織線與a結合。

3cm

d. 另1條同色線
如圖束緊打結，
剩餘的織線
同樣與a結合。

14 cm

e. 修剪整齊。

# 17 Clutch Bag　*photo ... P.22*

**尺寸**　袋寬28cm　袋深14cm

**準備工具**

・**線材**　Hamanaka DOUGHNUT（200 g／球）　原色（1）170 g
　　　　Hamanaka Bonny（50 g／球）　原色（442）、藏青色（473）各30 g

・**針具**　Hamanaka Ami Ami 單頭鉤針〈金屬製〉10/0號

**密度**　中長針的畝編　10針×6.5段＝10cm正方形

**織法**　以指定的織線、條數進行編織。
鎖針起針26針開始鉤織袋底，依織圖
加針鉤織1段中長針。接續進行袋身前
側、後側，以中長針的畝編，不加減針
鉤織9段輪編（每段織完即翻面）。繼
續鉤織前側的引拔針的筋編後，換線在
後側挑針，鉤織袋蓋。

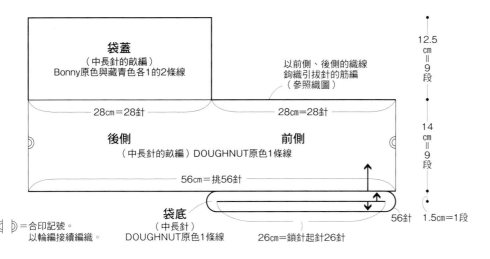

**袋蓋**
（中長針的畝編）
Bonny原色與藏青色各1的2條線

以前側、後側的織線
鉤織引拔針的筋編
（參照織圖）

28cm＝28針　　28cm＝28針

**後側**　　　**前側**
（中長針的畝編）DOUGHNUT原色1條線

56cm＝挑56針

**袋底**
（中長針）
DOUGHNUT原色1條線

26cm＝鎖針起針26針

12.5cm＝9段

14cm＝9段

56針　1.5cm＝1段

（( )）＝合印記號。
以輪編接續編織。

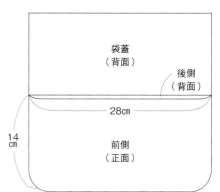

袋蓋
（背面）

後側
（背面）

28cm

14cm

前側
（正面）

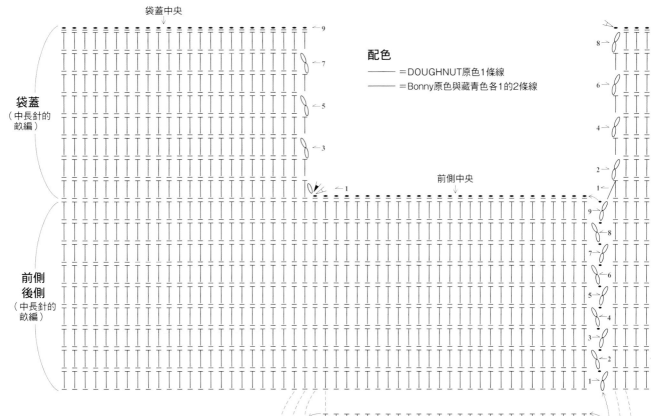

袋蓋中央

**袋蓋**
（中長針的畝編）

**配色**
───＝DOUGHNUT原色1條線
───＝Bonny原色與藏青色各1的2條線

**前側
後側**
（中長針的
畝編）

前側中央

│＝中長針的畝編

＝引拔針的筋編

＝接線

＝剪線

起針處
鎖針起針26針

**袋底**（中長編）　56針

# 14 Bag

 *photo ... P.18*

尺寸　袋口寬36.5cm　袋深21.5cm
**準備工具**
・**線材**　Hamanaka DOUGHNUT（200 g／球）
　　　　原色（1）、黃色（3）各190 g
・**針具**　Hamanaka Ami Ami 竹製鉤針7mm
**密度**　短針、短針的織入花樣
　　　　9針×10段＝10cm正方形

**織法**　取1條織線，以指定的色線進行鉤織。
從袋底開始鉤織，繞線作輪狀起針，織入12針短針。第2段開始進行短針的加針。接著鉤織袋身，不加減針進行短針的織入花樣（參照P.71）。袋口與提把則是鉤短針與引拔針，在第1段鉤織提把開口的鎖針，鉤織4段後，更換織線，鉤織1段引拔針，收針處進行鎖針接縫。沿提把開口鉤織1段引拔針（袋口與提把依P.40的要領鉤織。提把滾邊請注意編織方向）。

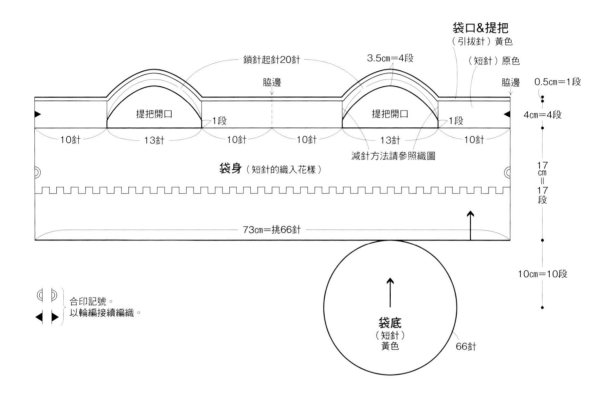

袋口&提把
（引拔針）黃色
（短針）原色

鎖針起針20針

脇邊

3.5cm=4段

脇邊

0.5cm=1段

提把開口

1段

提把開口

1段

4cm=4段

10針　13針　10針　10針　13針　10針

減針方法請參照織圖

袋身（短針的織入花樣）

17cm=17段

73cm=挑66針

10cm=10段

合印記號。
以輪編接續編織。

袋底
（短針）
黃色

66針

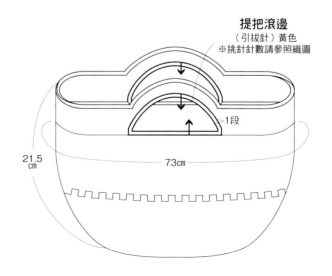

提把滾邊
（引拔針）黃色
※挑針針數請參照織圖

1段

21.5cm

73cm

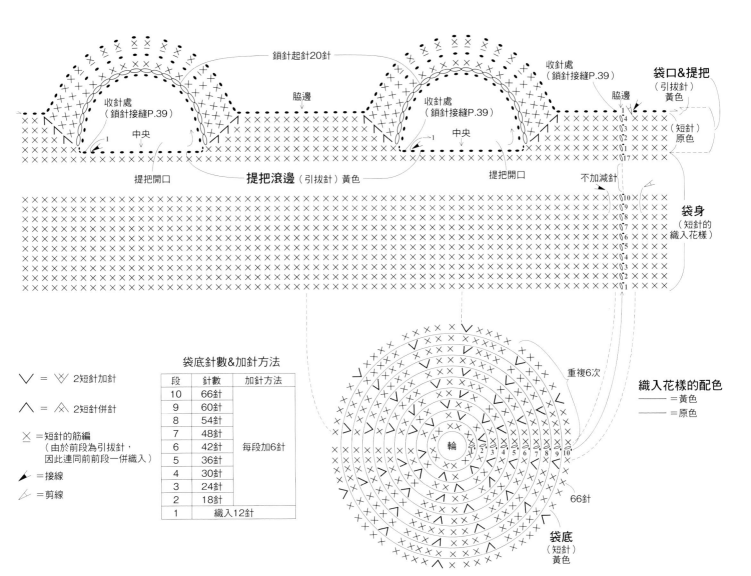

鎖針起針20針

收針處
（鎖針接縫P.39）

收針處
（鎖針接縫P.39）

收針處
（鎖針接縫P.39）

脇邊

袋口&提把
（引拔針）
黃色

脇邊

中央

中央

（短針）
原色

提把開口

提把滾邊（引拔針）黃色

提把開口

不加減針

袋身
（短針的
織入花樣）

| | | |
|---|---|---|
| ∨ = ∨ | 2短針加針 | |
| ∧ = ∧ | 2短針併針 | |

✕ =短針的筋編
（由於前段為引拔針，
因此連同前前段一併織入）

◢ =接線
◣ =剪線

### 袋底針數&加針方法

| 段 | 針數 | 加針方法 |
|---|---|---|
| 10 | 66針 | |
| 9 | 60針 | |
| 8 | 54針 | |
| 7 | 48針 | |
| 6 | 42針 | 每段加6針 |
| 5 | 36針 | |
| 4 | 30針 | |
| 3 | 24針 | |
| 2 | 18針 | |
| 1 | 織入12針 | |

重複6次

輪

### 織入花樣的配色
──── =黃色
──── =原色

66針

袋底
（短針）
黃色

## 短針的織入花樣（袋身）的織法

*1* 僅袋身第8段，每次交互以黃色
與原色的織線鉤織1針短針。待
鉤出黃色的織線後，織線置於織
片的前側，並將原色的織線掛於
鉤針上，一次引拔。

*2* 完成短針，鉤針上的織線由黃色
變成原色。

*3* 接著，待鉤出原色的織線後，織
線置於織片的後側，並將黃色的
織線掛於鉤針上，一次引拔。

*4* 完成短針，鉤針上的織線由原色
變成黃色。重複步驟*1*至*4*。

# 15 Bag *photo...P.19*

尺寸　袋寬（最大）29cm　袋深約21cm

準備工具

・線材　Hamanaka DOUGHNUT（200g／球）
　　　　淺駝色（2）175g　黃色（3）115g
・針具　Hamanaka Ami Ami 單頭鉤針〈金屬製〉10/0號
・其他　Hamanaka竹節提把D型（中）
　　　　自然色（H210-632-1）1組

密度　短針、花樣編　10針＝10cm、8段＝7cm

織法　取1條織線，以指定的色線進行鉤織。

從袋底開始鉤織，鎖針起針14針，依織圖進行短針的加針。接著鉤織袋身，以輪編（每段織完即翻面）進行花樣編（參照P.73）的減針。袋口與提把縫份分成兩片，分別進行短針的減針。以提把縫份包覆竹節提把，於背面進行藏針縫。

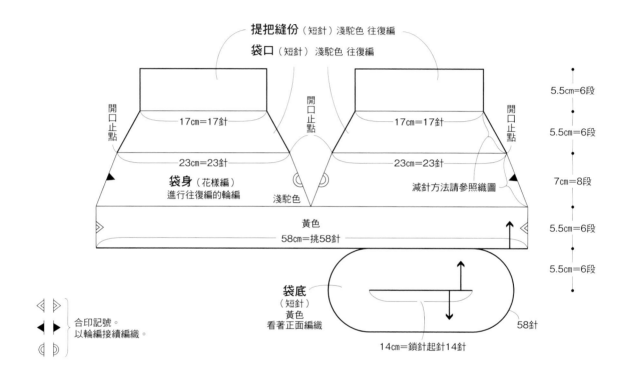

提把縫份（短針）淺駝色 往復編

袋口（短針）淺駝色 往復編

開口止點

17cm＝17針

開口止點

17cm＝17針

23cm＝23針

23cm＝23針

袋身（花樣編）
進行往復編的輪編

淺駝色

減針方法請參照織圖

黃色
58cm＝挑58針

5.5cm＝6段

5.5cm＝6段

7cm＝8段

5.5cm＝6段

5.5cm＝6段

合印記號。
以輪編接續編織。

袋底
（短針）
黃色
看著正面編織

58針

14cm＝鎖針起針14針

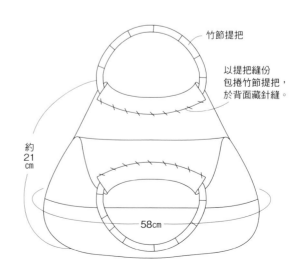

竹節提把

以提把縫份
包捲竹節提把，
於背面藏針縫。

約
21
cm

58cm

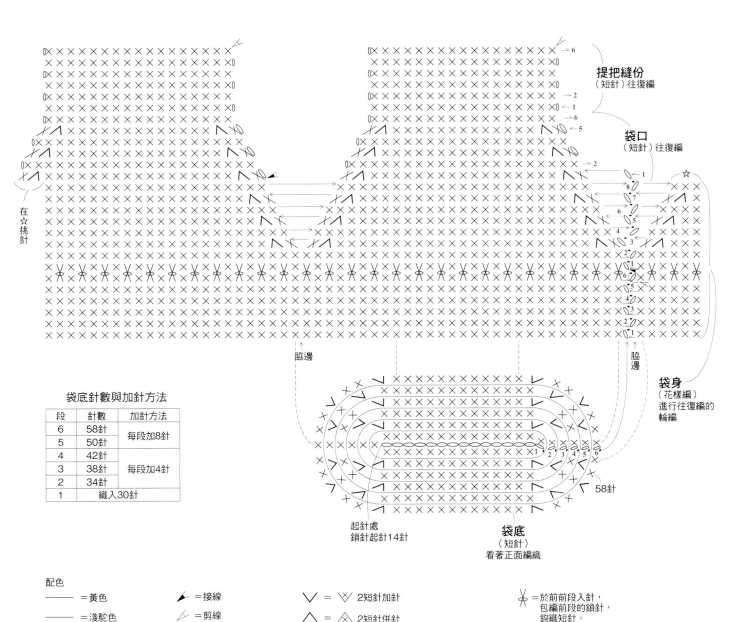

提把縫份
（短針）往復編

袋口
（短針）往復編

袋身
（花樣編）
進行往復編的
輪編

在☆挑針

脇邊

脇邊

### 袋底針數與加針方法

| 段 | 針數 | 加針方法 |
|---|---|---|
| 6 | 58針 | 每段加8針 |
| 5 | 50針 | |
| 4 | 42針 | 每段加4針 |
| 3 | 38針 | |
| 2 | 34針 | |
| 1 | 織入30針 | |

起針處
鎖針起針14針

袋底
（短針）
看著正面編織

58針

配色
—— ＝黃色　　　◤＝接線　　　∨ ＝ ᐱ 2短針加針　　　⋈ ＝於前前段入針，
—— ＝淺駝色　　◢＝剪線　　　∧ ＝ ᐱ 2短針併針　　　　包編前段的鎖針，
　　　　　　　　　　　　　　　　　　　　　　　　　　　　　鉤織短針。

## 花樣編（袋身）的織法

*1* 　袋身每段織完即翻面，進行往復編的輪編。黃色線的部分為，第1至5段鉤織短針，第6段則是依圖示重複進行「1針短針與1針鎖針」。

*2* 　以淺駝色線鉤織的第1段雖然全是鉤織短針，但前段為鎖針時，則是在前前段（黃色線的第5段）的短針針頭（2條線）挑針。

*3* 　掛線鉤出織線，再次掛線，如圖示引拔。

*4* 　完成短針。由於是挑前前段鉤織，因此形成縱長的針目。交互在前前段與前段鉤織短針，第2段之後全部在前段挑針，鉤織短針（第3段開始為減針）。

# 16 Bag   *photo...P.20・P.21*

**尺寸** 袋口寬39cm　袋深20.5cm
**準備工具**
・**線材** Hamanaka DOUGHNUT（200g／球）
　　　　藍綠色（5）200g　灰色（4）165g
・**針具** Hamanaka Ami Ami 竹製鉤針7mm
　　　　單頭鉤針〈金屬製〉7/0號
・**其他** Hamanaka皮革底（15cm×30cm）
　　　　焦茶色（H204-618-2）1片
**密度** 短針（7mm針）　9針×11段＝10cm正方形

**織法** 除提把之外皆取1條織線。以指定的色線進行鉤織。
使用7/0號鉤針，在皮革袋底挑針，織入70針短針（參照P.83）。改換7mm針，以不加減針的短針鉤織袋身。繼續以短針鉤織袋口與提把，在第1、2段開提把孔，在第1段鉤織鎖針作出提把開口，鉤織3段後，收針處進行鎖針接縫（袋口與提把依P.40的要領鉤織）。以手指編織提把（參照步驟圖），依P.75步驟說明穿入提把孔，打結固定。

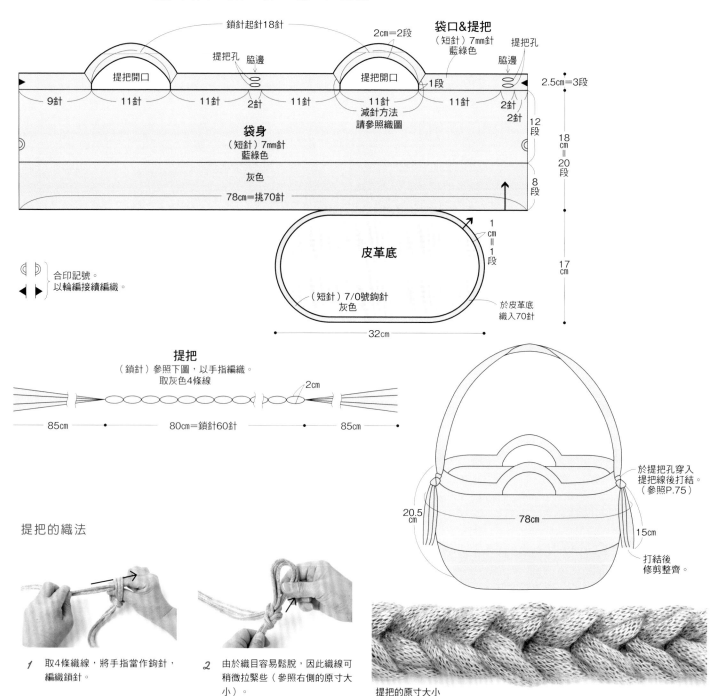

**提把的織法**

*1* 取4條織線，將手指當作鉤針，編織鎖針。

*2* 由於織目容易鬆脫，因此織線可稍微拉緊些（參照右側的原寸大小）。

提把的原寸大小

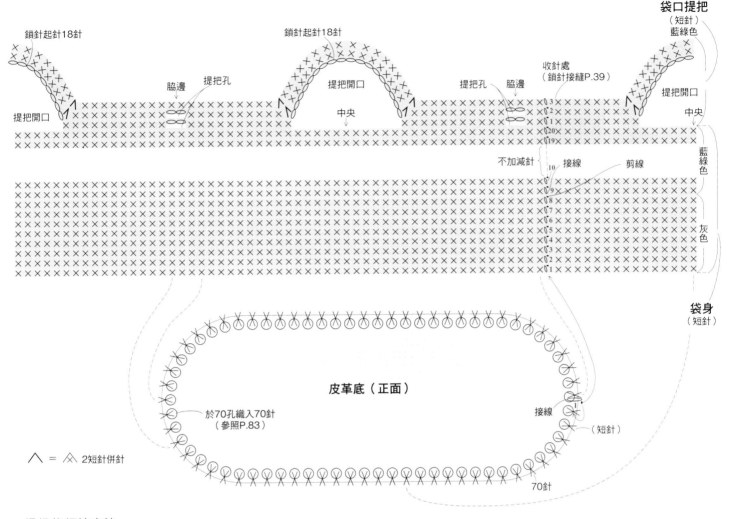

袋口提把
（短針）
藍綠色

鎖針起針18針　　　　　　　鎖針起針18針

提把孔　　　　　　　　　　　　　　　　提把孔
脇邊　　　　　　　　　　　　　　　　脇邊
收針處
（鎖針接縫P.39）

提把開口　　　　　提把開口　提把開口
中央　　　　　　　　　　　　中央

不加減針　　接線　　剪線

藍綠色

灰色

袋身
（短針）

皮革底（正面）

於70孔織入70針
（參照P.83）

接線

（短針）

70針

∧ = ⋀ 2短針併針

## 提把的打結方法

1 收針側。以手指將繩圈（◎）稍微拉大，線端由提把孔的下方穿入，由上方穿出。

2 如圖示，將線端穿入步驟1的◎繩圈中。

3 拉動線端，收緊◎的繩圈。

4 再次將線端由提把孔的下方穿入，如圖示由上方穿出。

5 線端由鎖針最後一針的背面往正面穿出。

6 調整使線端的長度一致。

7 以線端打單結。

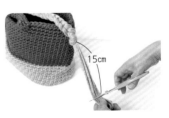

8 於15cm處修剪整齊。起針側依收針側的要領打結（步驟1的◎則是將最初拉緊的繩圈鬆開）。

15cm

# 18 Bag *photo...P.23*

A     B

**尺寸** 袋口寬33.5cm 袋深21.5cm
**準備工具**
・**線材** Hamanaka DOUGHNUT（200ｇ／球）380ｇ
    **A**灰色（4）  **B**藍綠色（5）
・**針具** Hamanaka Ami Ami單頭鉤針〈金屬製〉10/0號
**密度** 短針 9針×10段＝10cm正方形

**織法** 取1條織線進行鉤織。
從袋底開始鉤織，繞線作輪狀起針，織入6針短針。第2段開始依織圖進行短針的加針。接著鉤織袋身，不加減針鉤織短針20段，再鉤1段逆短針。提把是鎖針起針3針，鉤織短針（重複進行1針立起針的鎖針與2針短針）。參照P.77，在袋身背面鉤織引拔針，接縫提把。

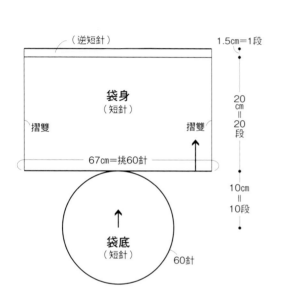

（逆短針）

袋身
（短針）

摺雙            摺雙

67cm＝挑60針

1.5cm＝1段

20cm＝20段

10cm＝10段

袋底
（短針）

60針

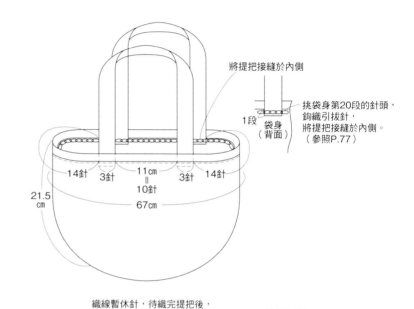

將提把接縫於內側

挑袋身第20段的針頭，鉤織引拔針，將提把接縫於內側。（參照P.77）

1段   袋身（背面）

14針 3針 11cm＝10針 3針 14針
21.5cm    67cm

## 袋底針數&加針方法

| 段 | 針數 | 加針方法 |
|---|---|---|
| 10 | 60針 | |
| 9 | 54針 | |
| 8 | 48針 | |
| 7 | 42針 | |
| 6 | 36針 | 每段加6針 |
| 5 | 30針 | |
| 4 | 24針 | |
| 3 | 18針 | |
| 2 | 12針 | |
| 1 | 織入6針 | |

∨ = 2短針加針

織線暫休針，待織完提把後，以此線接縫提把。

（逆短針）

不加減針

袋身（短針）

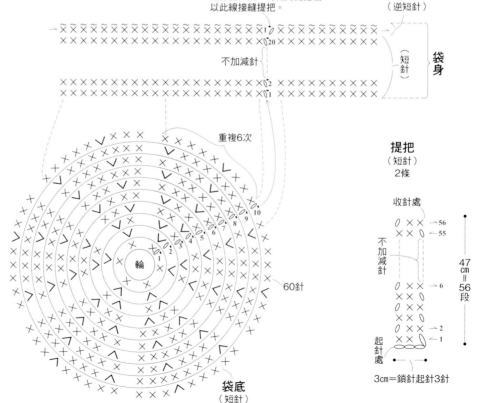

重複6次

60針

輪

袋底
（短針）

## 提把
（短針）
2條

收針處

不加減針

47cm＝56段

起針處

3cm＝鎖針起針3針

76

## 提把的接縫方法 為了讓作法更清楚易懂，改以不同色線示範解說。

*1* 鉤織完成的袋底、袋身與提把。袋身不剪斷收針處的織線，暫休針。

*2* 以袋身的織線接縫提把。看著織片的背面，將鉤針由背面穿入第20段的針頭處，掛線引拔。

*3* 於背面鉤出織線。

*4* 1針1針由背面入針，鉤織引拔針。

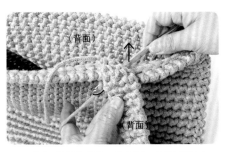

*5* 織完7針引拔針後，疊放提把（背面朝上），一併穿入提把邊緣與袋身，鉤織引拔針。

*6* 重複步驟*5*，以引拔針接續鉤織接縫提把。

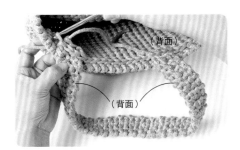

*7* 於指定的位置接續鉤織，接合提把的另一側。

*8* 提把接縫完成。另1條提把以相同的方式鉤織接合。

# 20 Bag *photo ... P.25*

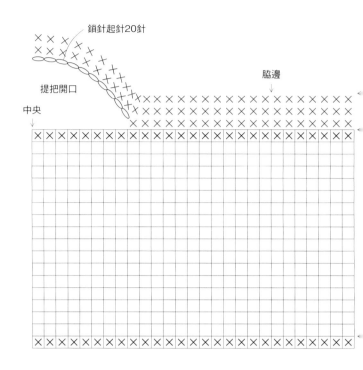

鎖針起針20針

提把開口

中央

脇邊

尺寸 袋口寬40cm 袋深26cm

**準備工具**

・**線材** Hamanaka DOUGHNUT（200 g／球） 藏青色（6）340 g
Hamanaka Jum Bonny（50 g／球） 淺駝色（2）135 g

・**針具** Hamanaka Ami Ami單頭鉤針〈金屬製〉10/0號

**密度** 短針（袋底）、短針的織入花樣 10針×8段＝10cm正方形

**織法** 取1條織線，以指定的色線進行鉤織。

使用藏青色織線，從袋底開始鉤織，繞線作輪狀起針，織入8針短針。參照P.43，從第2段開始包編淺駝色線，依織圖進行短針的加針。接著鉤織袋身，不加減針鉤織18段短針的織入花樣（參照P.43），剪斷淺駝色織線。袋口與提把僅以藏青色線鉤織短針。在第1段鉤織提把開口的鎖針，編織3段後，收針處進行鎖針接縫（袋口與提把依P.40的要領鉤織）。

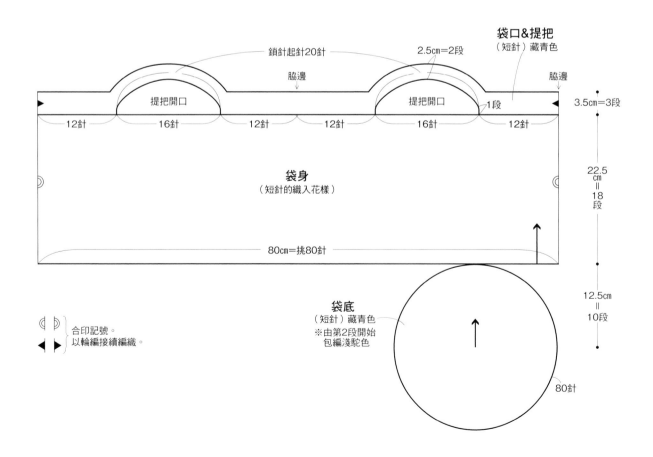

鎖針起針20針

脇邊

2.5cm=2段

**袋口&提把**
（短針）藏青色

脇邊

提把開口

提把開口

1段

3.5cm=3段

12針 16針 12針 12針 16針 12針

**袋身**
（短針的織入花樣）

22.5 cm = 18 段

80cm=挑80針

12.5cm = 10段

合印記號。
以輪編接續編織。

**袋底**
（短針）藏青色
※由第2段開始
包編淺駝色

80針

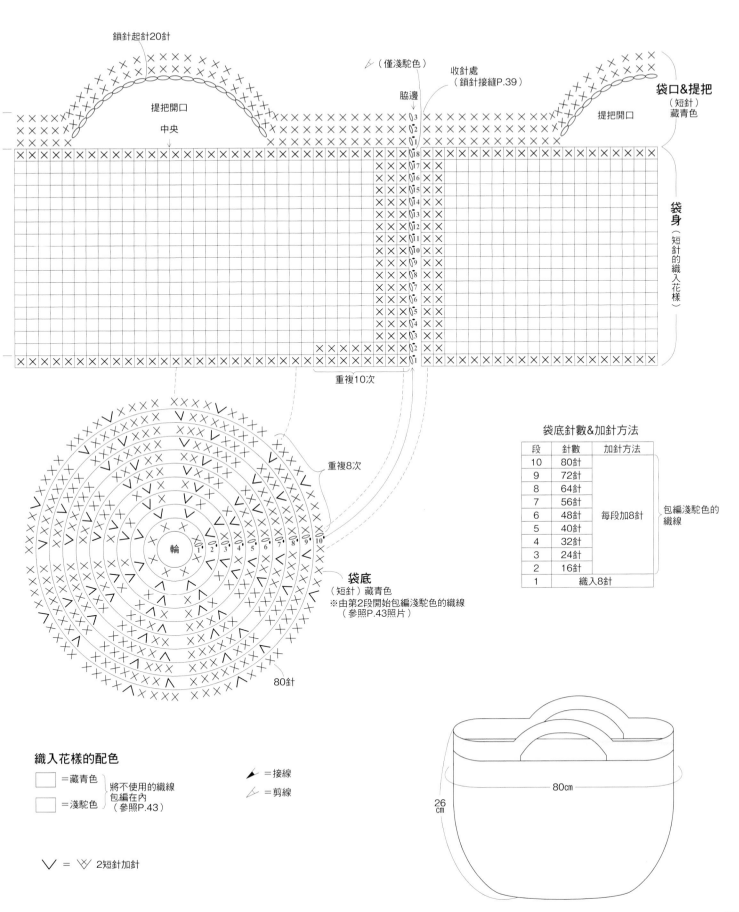

鎖針起針20針

提把開口

中央

×(僅淺駝色)

脇邊

收針處
（鎖針接縫P.39）

袋口&提把
（短針）
藏青色

提把開口

袋身（短針的織入花樣）

重複10次

重複8次

袋底針數&加針方法

| 段 | 針數 | 加針方法 |
|---|---|---|
| 10 | 80針 | |
| 9 | 72針 | |
| 8 | 64針 | |
| 7 | 56針 | 每段加8針 |
| 6 | 48針 | |
| 5 | 40針 | |
| 4 | 32針 | |
| 3 | 24針 | |
| 2 | 16針 | |
| 1 | 織入8針 | |

包編淺駝色的織線

袋底
（短針）藏青色
※由第2段開始包編淺駝色的織線
　（參照P.43照片）

80針

織入花樣的配色

□ =藏青色

□ =淺駝色

將不使用的織線
包編在內
（參照P.43）

↗ =接線

↗ =剪線

∨ = 2短針加針

80cm

26cm

# 21 Bag　*photo ... P.26・P.27*

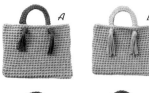

**尺寸**　袋寬28cm　袋深18cm
**準備工具**
・**線材**　Hamanaka DOUGHNUT（200 g／球）
　　A 灰色（4）200 g　藍綠色（5）30 g
　　B 灰色（4）200 g　黃色（3）30 g
　　C 灰色（4）200 g　藏青色（6）30 g
　　D 灰色（4）200 g　紅色（7）30 g
・**針具**　Hamanaka Ami Ami 竹製鉤針7mm
**密度**　短針　9針×11段＝10cm正方形

**織法**　取1條織線，除提把以外皆以灰色鉤織。從袋底開始鉤織，鎖針起針24針，接著以短針進行1段輪編。不加減針繼續鉤織20段短針，製作袋身，收針處進行鎖針接縫。製作提把，依織圖穿入袋身（由於織片斜行的緣故，提把接合的位置可依袋身完成狀態決定中央點）。

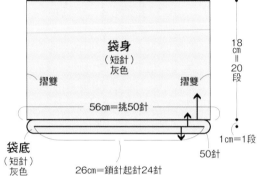

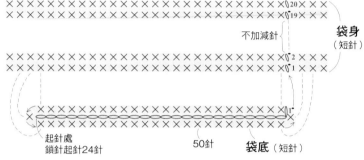

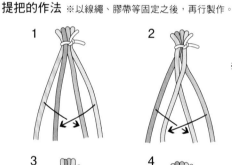

提把 2組
A 藍綠色
B 黃色
C 藏青色
D 紅色

①將8條長80cm織線打單結。
②皆取2條織線，參照右圖製作成27cm長。
③由背面穿出。
④另一邊穿出之後，打單結。
⑤修剪整齊。

**提把的作法** ※以線繩、膠帶等固定之後，再行製作。

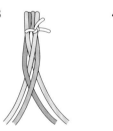

※圖示的1條，實際上皆是取2條織線製作，並於指定的位置打單結。

重複步驟1、2

---

# 19 Clutch Bag　*photo ... P.24*

**尺寸**　袋寬27cm　袋深16.5cm
**準備工具**
・**線材**　Hamanaka DOUGHNUT（200 g／球）　藏青色（6）200 g
　　Hamanaka KORPOKKUR（25 g／球）　藍灰色（21）15 g
・**針具**　Hamanaka Ami Ami 單頭鉤針〈金屬製〉10/0號
・**其他**　長25cm拉鍊1條　手縫線　手縫針
**密度**　短針的畝編　10針×11段＝10cm正方形

**織法**　以指定的織線條數進行鉤織。預留50cm長的線段後，開始鉤織袋身，鎖針起針31針，不加減針鉤織30段短針畝編的條紋花樣，收針處同樣預留50cm長的線段後剪斷。袋底處背面相對對摺，以預留的線段進行兩脇邊的捲針縫（參照P.39）。沿袋口鉤織緣編，手縫線穿針，將拉鍊縫合固定。

織圖見次頁

將手縫線穿入手縫針中縫製拉鍊，以回針縫縫合固定，須避免縫到正面影響美觀。

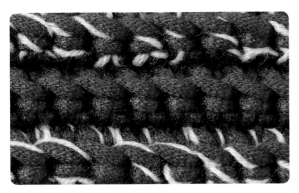

短針畝編的條紋花樣（袋身）的原寸大小。

### 袋身
（短針畝編的條紋花樣）

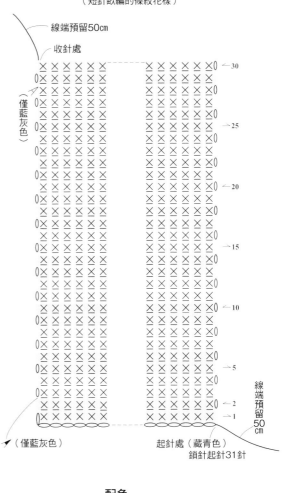

線端預留50㎝

收針處

（僅藍灰色）

← 30

← 25

← 20

← 15

← 10

← 5

← 2

← 1

線端預留50㎝

（僅藍灰色）

起針處（藏青色）
鎖針起針31針

### 袋身
（短針畝編的條紋花樣）

袋底

27㎝＝30段

● 31cm＝鎖針起針31針 ●

▲ =接線
◢ =剪線
✕ =短針的畝編

### 配色
—— =藏青色1條線
—— =藏青色&藍灰色各1的2條線

### 袋口
（緣編）取藏青色1條線

以回針縫將拉鍊
縫合固定於袋身的邊緣。

1㎝＝2段

挑60針

16.5㎝

將袋底背面相對對摺，再以
兩側預留的織線，一對一
各挑內側的1條織線，
進行捲針縫（參照P.39）。

27cm

### 袋口
（緣編）

挑前段針目的內側
1條線鉤織引拔針

收針處
（鎖針接縫P.39）

← 2
← 1

捲針縫

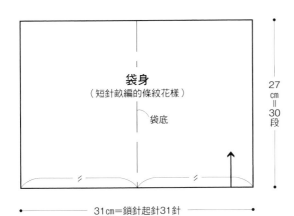

# 22 Bag

*photo ... P.28・P.29*

**尺寸** 袋口寬36cm 袋深28.5cm

**準備工具**

・**線材** Hamanaka DOUGHNUT（200 g／球）
黃色（3）570 g

・**針具** Hamanaka Ami Ami 竹製鉤針7mm

**密度** 短針 10針×11段＝10cm正方形

**織法** 取1條織線進行鉤織。

從袋底開始鉤織，鎖針起針26針，以每段織完即翻面的往
復編，進行11段不加減針的短針。接續鉤織袋身，沿袋底
周圍挑針，以輪編進行26段短針，再鉤織1段長針，於指
定位置鉤織提把開口的13針鎖針。參照P.40，鉤織背帶的
鎖針起針100針，接合於指定位置後剪線。在指定的位置接
線，以短針鉤織3段袋口與背帶〈起針的左側〉，收針處進
行鎖針接縫。以相同方式鉤織袋口與背帶〈起針的右側〉即
完成。

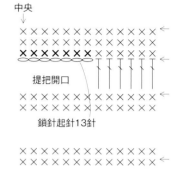

中央
提把開口
鎖針起針13針

︿ ＝ 2短針併針

Ⅹ ＝挑整條鎖針束
鉤織短針

＝接線

＝剪線

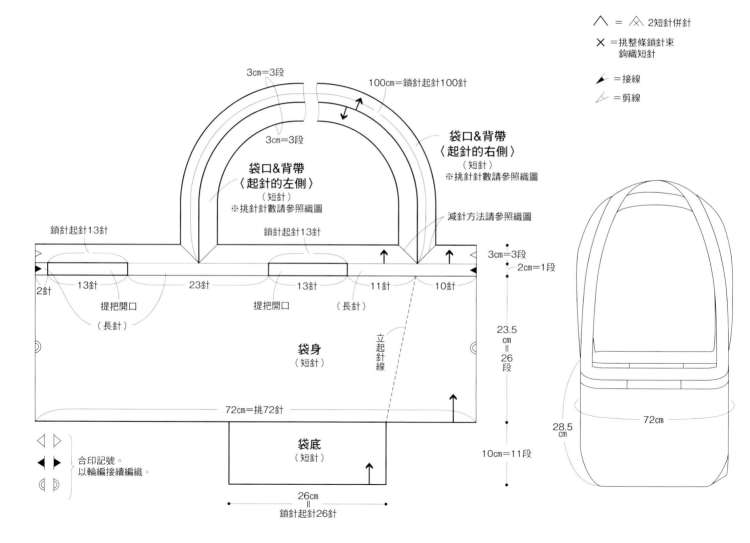

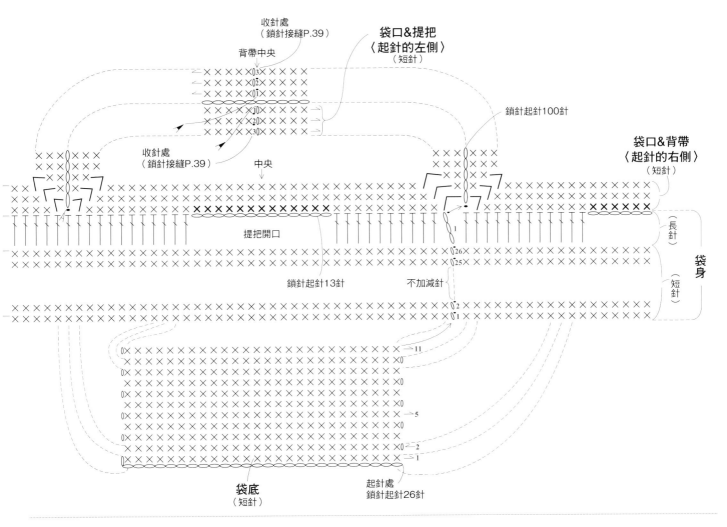

收針處
（鎖針接縫P.39）
背帶中央
袋口&提把
〈起針的左側〉
（短針）

鎖針起針100針

袋口&背帶
〈起針的右側〉
（短針）

收針處
（鎖針接縫P.39）
中央

提把開口

鎖針起針13針
不加減針

長針
短針
袋身

袋底
（短針）

起針處
鎖針起針26針

## 於皮革底挑針鉤織短針  *P.20・P.21 Bag*（織法參照P.74）

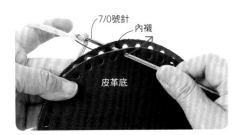

7/0號針
內襯
皮革底

*1* 於皮革底板與補強用的內襯穿入7/0號鉤針，掛線之後，鉤出織線。

*2* 鉤針掛線，鉤立起針的鎖針。

*3* 於步驟 *1* 的相同處入針，鉤織短針。

*4* 完成短針。

*5* 接著，於每一個孔洞中鉤織1針短針。短針的針頭要像是沿著皮革底邊緣似的鉤織為宜。

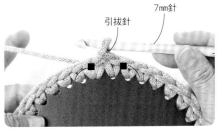

7mm針
引拔針

*6* 鉤織終點是在最初的短針針頭鉤引拔針，並更換成7mm針編織袋身。

# 23 Bag  *photo ... P.30*

**尺寸** 袋寬24cm 袋深20.5cm
**準備工具**
・**線材** Hamanaka DOUGHNUT（200ｇ／球）
　　　 藍綠色（5）195ｇ
・**針具** Hamanaka Ami Ami 單頭鉤針〈金屬製〉10/0號
**密度** 短針　8.5針＝10cm、6段＝5.5cm
　　　 花樣編　8.5針＝10cm、7段＝13cm

**織法** 取1條織線進行鉤織。
預留50cm長的線段後，開始鉤織袋身，鎖針起針26針，不加減針進行短針與花樣編（參照圖片），收針處同樣預留50cm長的線段後剪斷。袋底處背面相對對摺，兩側脇邊進行捲針縫（參照P.39）。鉤織袋口與提把的緣編。在袋身上挑針，第4段鉤織提把開口的鎖針，鉤織6段後，收針處進行鎖針接縫。沿提把開口鉤織1段引拔針（袋口與提把、提把滾邊依P.40的要領鉤織）。

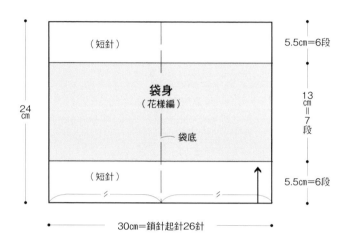

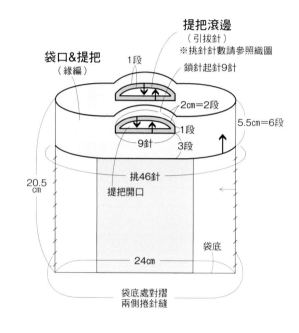

## 螺旋捲編（繞線4次）的織法

*1* 鉤3針立起針的鎖針，並先在鉤針上繞線4次（◎）。線繞得太鬆容易脫落，須緊密捲繞，挑前段的短針針頭（2條線）入針。

*2* 掛線後鉤出織線。

*3* 以鉤出的織線引拔◎的1條線。

*4* ◎的1條線已移至鉤出織線的連接處。依步驟*3*的方式，引拔下1條◎的線（難以引拔時，可用手指壓住已移動的1條線）。

*5* 鉤出織線的連接處已有2條◎的線。

*6* 重複步驟*4*，引拔完◎的所有織線後，鉤針掛線，如圖引拔。

*7* 完成1針螺旋捲編。

*8* 重複步驟*1*至*7*。

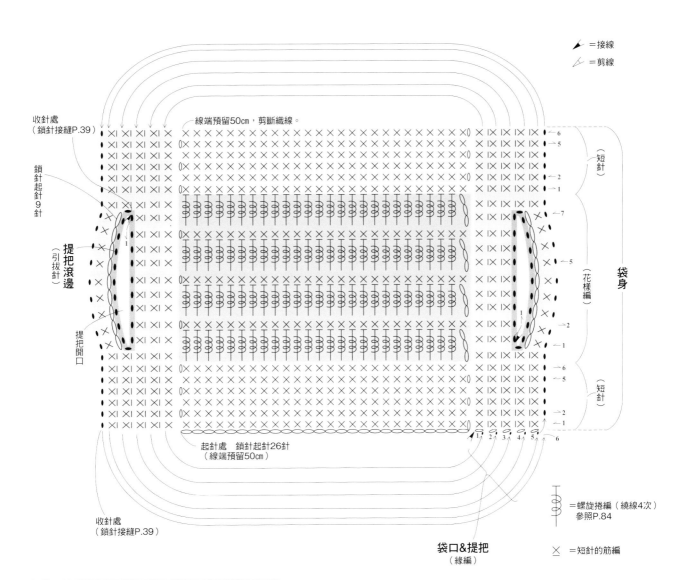

収針處
（鎖針接縫P.39）

鎖針起針9針

提把滾邊
（引拔針）

提把開口

線端預留50cm，剪斷織線。

=接線

=剪線

（短針）

（花樣編）

袋身

（短針）

收針處
（鎖針接縫P.39）

起針處　鎖針起針26針
（線端預留50cm）

=螺旋捲編（繞線4次）
參照P.84

袋口&提把
（緣編）

=短針的筋編

花樣編（袋身）的原寸大小

# 24 Cap  *photo...P.31*

**尺寸** 頭圍55cm 袋深17cm

**準備工具**

・**線材** Hamanaka DOUGHNUT（200 g／球）
　　　黃色（3）140 g

・**針具** Hamanaka Ami Ami 單頭鉤針〈金屬製〉
　　　10/0號

**密度** 長針 9.5針＝10cm、2段＝4.3cm

**織法** 取1條織線進行鉤織。
繞線作輪狀起針開始鉤織帽冠，以長針的加針鉤織7段。
接著鉤織2段緣編，並依織圖鉤織遮耳部分，收針處進行
鎖針接縫。

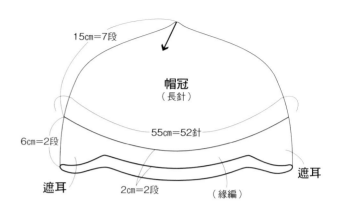

15cm＝7段

帽冠
（長針）

55cm＝52針

6cm＝2段

2cm＝2段 （緣編）

遮耳 遮耳

後側

收針處
（鎖針接縫P.39）

（緣編）

輪

遮耳

帽冠
（長針）

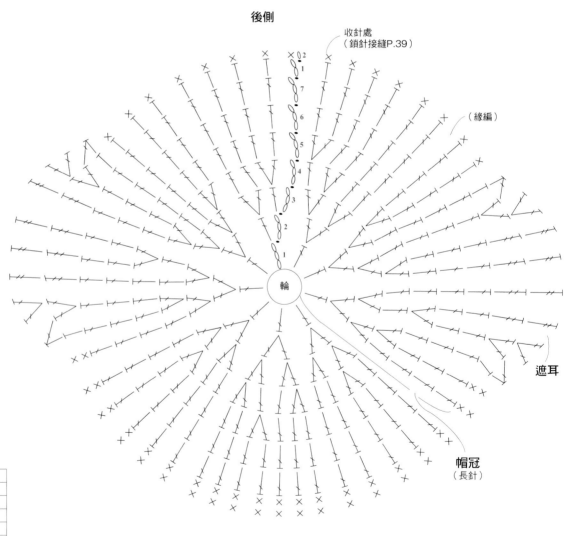

前側

### 帽冠針數&加針方法

| 段 | 針數 | 加針方法 |
|---|---|---|
| 6・7 | 52針 | 不加減針 |
| 5 | 52針 | 加4針 |
| 4 | 48針 | 加12針 |
| 3 | 36針 | 加18針 |
| 2 | 18針 | 加9針 |
| 1 | 織入9針 | |

＝中長針與長針的
2併針

# 25 Coaster, Mini Mat

*photo ... P.32* ※ *A* 為Coaster，*B* 為Mini Mat。

A

B

**尺寸** *A* 直徑10.5cm *B* 直徑14.5cm

**準備工具**

・**線材** Hamanaka DOUGHNUT（200 g／球） 紅色（7）

　　　　*A* 23 g 　*B* 38 g

・**針具** Hamanaka Ami Ami 竹製鉤針7mm

**密度** 短針 1段＝約1.3cm

**織法** 取1條織線進行鉤織。

繞線作輪狀起針，一邊加針，一邊以短針鉤織至指定的段數。

最終段鉤織引拔針，收針處進行鎖針接縫。

※據說壓克力纖維的熔點為190至240℃。
　但是，即便溫度大約為80℃，纖維表面也有
　可能出現變形的情況，請多加留意。

A

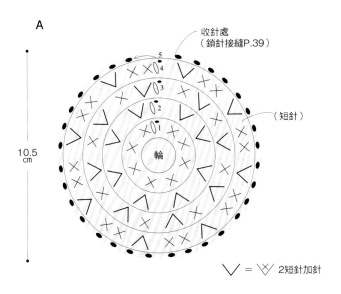

10.5 cm

收針處
（鎖針接縫P.39）

（短針）

輪

∨ = ⅩⅩ 2短針加針

B

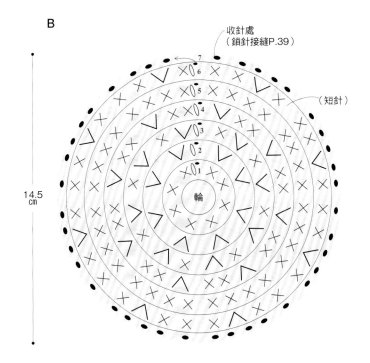

14.5 cm

收針處
（鎖針接縫P.39）

（短針）

輪

∨ = ⅩⅩ 2短針加針

## 針數&加針方法

| 段 | 針數 | 加針方法 |
|---|---|---|
| 7 | 40針 | 不加減針 |
| 6 | 40針 | 加8針 |
| 5 | 32針 | 不加減針 |
| 4 | 32針 | 每段 |
| 3 | 24針 | 加8針 |
| 2 | 16針 | |
| 1 | 織入8針 | |

B

A

# 27 Basket  *photo ... P.34 · P.35*

A

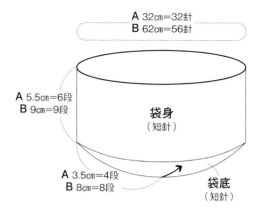

尺寸　*A* 籃底直徑7cm　籃深5.5cm

*B* 籃底直徑16cm　籃深9cm

**準備工具（1件的分量）**

・**線材**　*A* Hamanaka DOUGHNUT（200 g／球）

淺駝色（2）55 g

*B* Hamanaka DOUGHNUT（200 g／球）

原色（1）160 g

Hamanaka Piccolo（25 g／球）

粉紅色（5）25 g

・**針具**　Hamanaka Ami Ami 竹製鉤針7mm

**密度**　短針　*A* 10針＝10cm、6段＝5.5cm

*B* 9針＝10cm、9段＝9cm

**織法**　*A* 取1條織線進行鉤織，*B* 取原色與粉紅色各1的2條線進行鉤織。

從籃底開始鉤織，繞線作輪狀起針，織入8針短針。第2段開始依織圖進行短針的加針。接著以不加減針的短針鉤織袋身，收針處進行鎖針接縫。

A 32cm＝32針
B 62cm＝56針

A 5.5cm＝6段
B 9cm＝9段

袋身
（短針）

A 3.5cm＝4段
B 8cm＝8段

袋底
（短針）

A

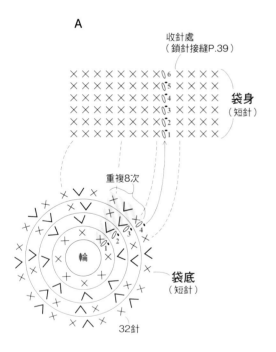

收針處
（鎖針接縫P.39）

袋身
（短針）

重複8次

袋底
（短針）

32針

B

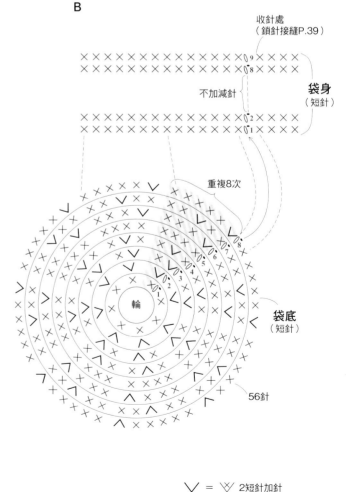

收針處
（鎖針接縫P.39）

不加減針

袋身
（短針）

重複8次

輪

袋底
（短針）

56針

### 籃底針數&加針方法

| 段 | 針數 | 加針方法 |
|---|---|---|
| 8 | 56針 | |
| 7 | 48針 | 每段加8針 |
| 6 | 40針 | |
| 5 | 32針 | 不加減針 |
| 4 | 32針 | |
| 3 | 24針 | 每段加8針 |
| 2 | 16針 | |
| 1 | 織入8針 | |

B ＼
A ＼

Ｖ ＝ Ｗ̇ 2短針加針

# 28 Bag

*photo ... P.36 · P.37*

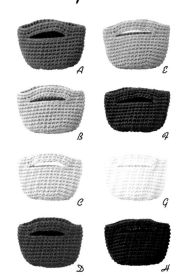

A

B

C

D

E

F

G

H

**尺寸** 袋口寬20cm　袋深10.5cm

**準備工具**

・**線材**　Hamanaka DOUGHNUT（200ｇ／球）100ｇ

　　　　　*A* 藍綠色（5）　*B* 灰色（4）

　　　　　*C* 淺駝色（2）　*D* 紅色（7）　*E* 黃色（3）

　　　　　*F* 藏青色（6）　*G* 原色（1）　*H* 黑色（8）

・**針具**　Hamanaka Ami Ami 單頭鉤針〈金屬製〉10/0號

**密度**　短針　10.5針＝10cm、8段＝7.5cm

**織法**　取1條織線進行鉤織。

從袋底開始鉤織，繞線作輪狀起針，織入7針短針。第2段開始依織圖進行短針的加針。接著以不加減針的短針鉤織袋身。鉤織袋口與提把的短針。在第1段鉤織提把開口的鎖針，鉤織3段後，收針處進行鎖針接縫（袋口與提把依P.40的要領鉤織）。

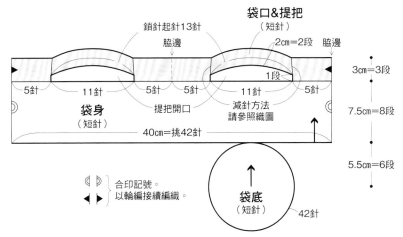

袋口&提把（短針）

鎖針起針13針

脇邊

2cm＝2段　脇邊

1段

5針　11針　5針　5針　11針　5針

袋身（短針）

提把開口

減針方法請參照織圖

40cm＝挑42針

3cm＝3段

7.5cm＝8段

5.5cm＝6段

⟨⟨ ⟩⟩ 合印記號。

◀◀ ▶▶ 以輪編接續編織。

↑ 袋底（短針）

42針

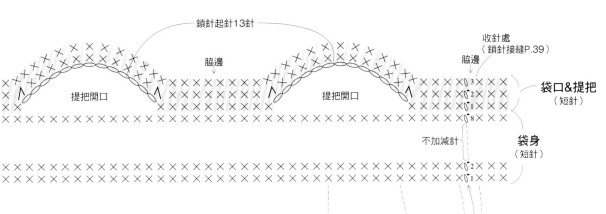

鎖針起針13針

脇邊

收針處（鎖針接縫P.39）

脇邊

提把開口

提把開口

3 2 1 8

袋口&提把（短針）

不加減針

袋身（短針）

2 1

## 袋底針數&加針方法

| 段 | 針數 | 加針方法 |
|---|---|---|
| 6 | 42針 | |
| 5 | 35針 | |
| 4 | 28針 | 每段加7針 |
| 3 | 21針 | |
| 2 | 14針 | |
| 1 | 每段加7針 | |

∨ = 2短針加針

∧ = 2短針併針

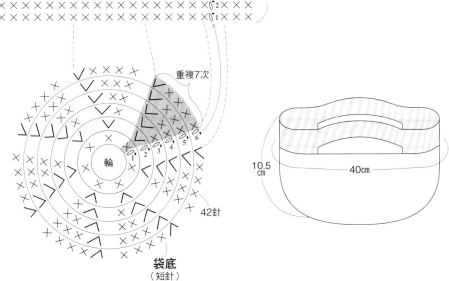

重複7次

輪

袋底（短針）

42針

10.5cm

40cm

# 鉤針編織基礎

## 織目記號

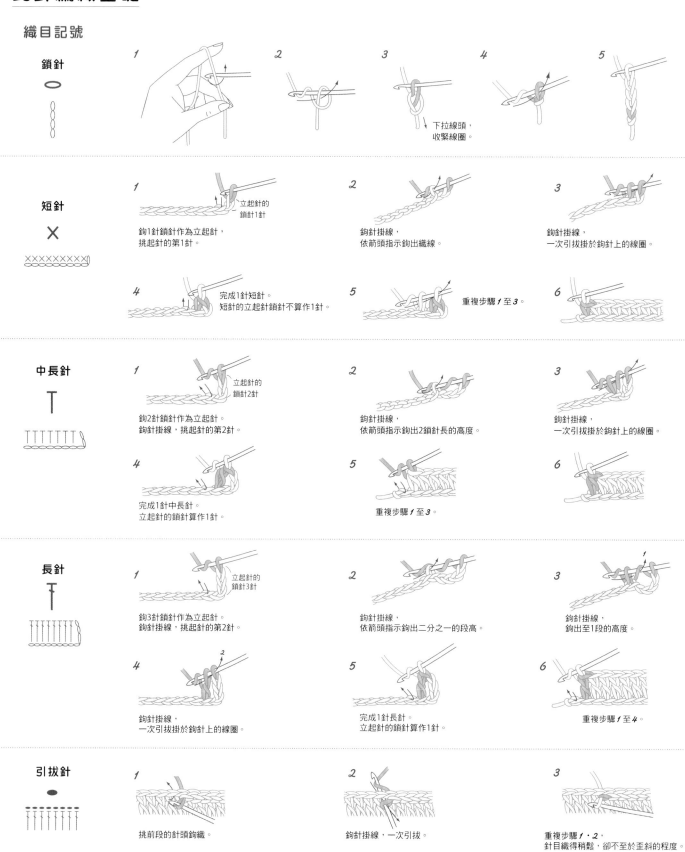

**鎖針**
○

1  2  3 下拉線頭，收緊線圈。  4  5

**短針**
╳
╳╳╳╳╳╳╳╳

1 鉤1針鎖針作為立起針，挑起針的第1針。 立起針的鎖針1針
2 鉤針掛線，依箭頭指示鉤出織線。
3 鉤針掛線，一次引拔掛於鉤針上的線圈。
4 完成1針短針。短針的立起針鎖針不算作1針。
5 重複步驟1至3。
6

**中長針**
T
TTTTTTT

1 鉤2針鎖針作為立起針。鉤針掛線，挑起針的第2針。 立起針的鎖針2針
2 鉤針掛線，依箭頭指示鉤出2鎖針長的高度。
3 鉤針掛線，一次引拔掛於鉤針上的線圈。
4 完成1針中長針。立起針的鎖針算作1針。
5 重複步驟1至3。
6

**長針**
T
TTTTTT

1 鉤3針鎖針作為立起針。鉤針掛線，挑起針的第2針。 立起針的鎖針3針
2 鉤針掛線，依箭頭指示鉤出二分之一的段高。
3 鉤針掛線，鉤出至1段的高度。
4 鉤針掛線，一次引拔掛於鉤針上的線圈。
5 完成1針長針。立起針的鎖針算作1針。
6 重複步驟1至4。

**引拔針**
●
‐‐‐‐‐‐‐‐
TTTTTT

1 挑前段的針頭鉤織。
2 鉤針掛線，一次引拔。
3 重複步驟1·2，針目織得稍鬆，卻不至於歪斜的程度。

## 長長針

*1*
立起針的鎖針4針

鉤4針鎖針作為立起針。
鉤針掛線2次，挑起針的第2針。

*2*

鉤針掛線，
依前頭指示鉤出三分之一的段高。

*3*

鉤針掛線，
引拔鉤針上前2個線圈。

*4*

鉤針掛線，
再次引拔前2個線圈。

*5*

鉤針掛線，
引拔剩餘的2個線圈。

*6*

重複步驟 *1* 至 *5*。
立起針的鎖針算作1針。

---

## 2短針加針

*1*

鉤織1針短針，
再次於同一針目挑針鉤織。

*2*

增加1針。

## 2中長針加針

鉤織1針中長針，
再次於同一針目入針，
鉤織中長針。

---

## 2長針加針

*1*

鉤織1針長針，
鉤針再次穿入同一針目。

*2*

鉤織針目高度一致的
長針。

*3*

增加1針。

※即使織入的針數增加，也是以相同的要領鉤織。

## 3短針加針

以「2短針加針」的要領，
將鉤針穿入同一針目，鉤織3針短針。

---

## 2短針併針

*1*

鉤出第1針的織線，
接著直接挑下一針
鉤出織線。

*2*

鉤針掛線，
一次引拔掛於鉤針上的
所有線圈。

*3*

2針短針變成1針。

 & 的區別

針腳相連時　　　　針腳分開時

鉤針穿入前段的　　挑起前段的整條
1針中鉤織。　　　鎖針束鉤織。

---

## 2長針併針

*1*

鉤織未完成的長針，
接著直接於下一針入針，
鉤出織線。

*2*

同樣鉤織未完成的長針。

*3*

2針的高度要一致，
一次引拔鉤針上的
所有線圈。

*4*

2針長針變成1針。

## 2中長針併針

※以「2長針併針」的要領，
一次引拔2針中長針。

---

## 短針的筋編

*1*

僅挑前段短針針頭外側的
1條線。

*2*

鉤織短針。

*3*

前段針目的內側1條線留於正面，
形成浮凸條紋狀。

※往復編的織目
為「畝編」。

## 逆短針

**1** 鎖針1針

鉤針依箭頭指示往內側旋轉，挑針。

**2** 鉤針掛線，依箭頭指示鉤出織線。

**3** 鉤針掛線，一次引拔2個線圈。

**4** 重複步驟1至3，由左側往右側繼續鉤織。

**5**

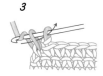

---

## 3中長針的玉針

※2中長針的玉針，也以相同的要領鉤織。

**1** 鉤針掛線，依箭頭指示入針，鉤出織線。（未完成的中長針）

**2** 於同一針目鉤織第2針未完成的中長針。

**3** 繼續於同一針目鉤織第3針未完成的中長針，3針高度一致，一次引拔。

**4**

---

## 3中長針的變形玉針

**1** 以3中長針的玉針要領，在鉤針掛線，依箭頭指示引拔。

**2** 鉤針掛線，再次引拔2個線圈。

**3**

### 2中長針的變形玉針

※依「3中長針的變形玉針」相同的要領，鉤織2針中長針。

---

## 交叉長針

**1** 於下1針的針目鉤織長針，鉤針掛線，再往回穿入一針。

**2** 鉤針掛線鉤出，鉤織長針。

**3** 後鉤織的針目包編先前鉤織的針目。

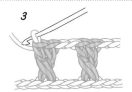

---

## 表引短針

**1** 依箭頭指示橫向入針，挑前段的針腳。

**2** 鉤針掛線，鉤出比短針稍長的織線。

**3**

**4** 依鉤織短針相同的要領完成針目。

**5**

---

## 表引長針

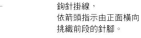

**1** 鉤針掛線，依箭頭指示由正面橫向挑織前段的針腳。

**2** 鉤針掛線，依箭頭指示挑前段的針柱，鉤織長針。

**3** 依鉤織長針相同的要領完成針目。

**4** 完成。

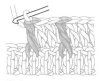

### 裡引長針

鉤針掛線，依箭頭指示挑前段的針柱，鉤織長針。

92

# 起針的方法

## ·在鎖針起針上挑針鉤織的方法

（挑鎖針半針與裡山的方法）

挑鎖針外側半針與裡山的2條線。

（僅挑鎖針裡山1條線的方法）

起針的鎖針針頭呈現漂亮且完整的模樣。

## ·繞線作輪狀起針（繞線1圈）

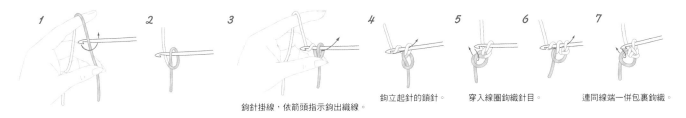

鉤針掛線，依箭頭指示鉤出織線。

鉤立起針的鎖針。

穿入線圈鉤織針目。

連同線端一併包裹鉤織。

拉緊

鉤入必要的針數，拉緊線端。
依箭頭指示於第1針入針。

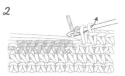

鉤針掛線，引拔。

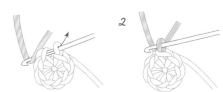

### 渡線方法

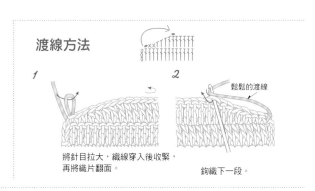

將針目拉大，織線穿入後收緊，
再將織片翻面。

鬆鬆的渡線

鉤織下一段。

---

## 織入花樣的織法

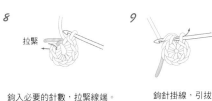

挑針時，一併將貼著針目休
針的織線包裹，鉤織短針。

更換織線時，在鉤織最後一
針的引拔前，交換配色線與
底色線。

## 換色方法（輪編時）

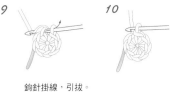

在鉤織最後針目的引拔時，改以新色織線鉤織。

## 捲針縫（全針目）

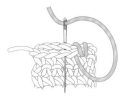

織片對齊疊合，
1針1針地逐一挑縫
短針針頭的2條線。

---

## 鎖針綴縫

3針

織片正面相對疊合，挑起針的
邊端針目鉤出織線，鉤織織片
1段長度的鎖針，再依箭頭指
示鉤織短針。

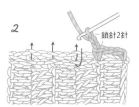

鎖針2針

重複鉤織鎖針、短針，
進行每1段的綴縫。

# 棒針編織基礎

## 織目記號&織法

織目記號是指由織片正面檢視的操作記號。
除了例外（掛針・卷針），皆於1段下完成其織目。

**下針**
|

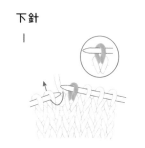

**上針**
一

**掛針**
○

**套收針**
━

編織2針，將第1針套在第2針上。
接著編織1針，再以右邊針目套上。

**右上2併針**
入

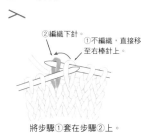

②編織下針。
①不編織，直接移至右棒針上。
將步驟①套在步驟②上。

**左上2併針**
入

一次編織2針。

**寄針**
＼

一般是以下針編織的針目，但因減針或加針自然傾斜的針目。

**上針的記號表示方法**

上針的記號，是於記號的上方附上「一」。

## 織法織圖的看法

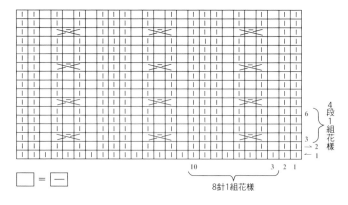

□ = 一

8針1組花樣

依織片正面模樣描繪的針目織圖。
下側的橫列表示針數，右側的縱列表示段數，
右下角則表示第1段的第1針。
位於第1段或第2段的箭頭符號「←」表示編織進行的方向。
先是由右往左進行編織，
所以第2段（→）要翻面改變織片的方向，於背面進行。
織圖則是依照由左往右的順序進行編織（此情況下，
只要將下針視為上針，上針視為下針來編織，
就會如同織圖所示）。

## 併縫・綴縫方法

### 平面針併縫

*1*

將織片對齊，
由正面入針，
穿入下方織片的針目。

*2*

於上方織片的針目入針，
一邊縫製出針目，
一邊併縫。

### 挑針綴縫

以剩餘的織線進行綴縫。
若是上針的平面針也是以相同的要領綴縫。

*1*

挑2針

*2*

# 起針

## 手指掛線起針法

*1*

線端側（織片尺寸的3.5倍長＋併縫線部分）

將織線掛於左手的拇指與食指上，
依箭頭指示穿入棒針。

*2*

食指上的織線掛於棒針上，棒
針穿過拇指側形成的線圈中。

*3*

鬆開掛於拇指上的織線。

*4*

將線端側的織線掛於拇指上，
收緊針目。
此針成為邊端的1針。

*5*

依箭頭指示將掛於拇指上的
織線往上挑起。

*6*

一邊將掛於食指上的織線掛於棒
針上，一邊穿過拇指上的線圈。

*7*

鬆開拇指上的線圈。

*8*

將織線掛於拇指上，輕輕收緊針目。
此針成為第2針。
重複步驟 *5* 至 *8*，製作必要的針數。

*9*

線端側

完成起針針目。
此算作第1段。抽出1支棒針，
並以抽出來的棒針開始編織。

---

## 解開起針針目（別線起針法）

*1*

線端側

以別線鉤織必要針數的鎖針，
於裡山入針後，鉤出織線。

*2*

重複步驟 *1*，挑出必要的針數。
（成為第1段）

*3*

第1段完成的狀態。

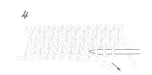

*4*

一邊解開別線的鎖針，
一邊將起針針目穿入棒針上。

---

# 加針方法

## 於邊端增加1針的方法　扭轉針目與針目之間的織線來增加針數。左側依右側的要領，挑左端的前一針，以相同方式編織。

右側

*1*

*2*

*3*

以下針編織右端針目，並以右棒針挑第1針與第2針之間的渡線，織扭加針。

---

# 減針方法

## 於邊端減少1針的方法

右側

*1*

不編織，
直接移至右棒針上。

編織下針

*2*

覆蓋

*3*

## 於背面減針時

依箭頭指示穿入左棒針，
扭轉針目後編織。

左側

*1*

一次挑起左端的2針。

*2*

一次編織2針。

*3*

## 【Knit・愛鈎織】58

# 好好織！輕巧美麗的粗針織日用包&小物

作　　者／朝日新聞出版
譯　　者／彭小玲
發 行 人／詹慶和
總 編 輯／蔡麗玲
執行編輯／蔡毓玲
編　　輯／劉蕙寧・黃璟安・陳姿伶・李佳穎・李宛真
執行美編／陳麗娜
美術編輯／周盈汝・韓欣恬
內頁排版／造極
出 版 者／雅書堂文化事業有限公司
發 行 者／雅書堂文化事業有限公司
郵撥帳號／18225950
戶　　名／雅書堂文化事業有限公司
地　　址／新北市板橋區板新路206號3樓
電　　話／（02）8952-4078
傳　　真／（02）8952-4084
電子郵件／elegantbooks@msa.hinet.net

2019年01月　初版一刷　定價380元

"CHO-GOKUBUTOITO DE ZAKUZAKU AMU, MAINICHI NO BAG TO KOMONO"
Copyright © 2017 Asahi Shimbun Publications Inc.
All rights reserved.
Original Japanese edition published by Asahi Shimbun Publications Inc.

This Traditional Chinese language edition is published by arrangement with
Asahi Shimbun Publications Inc., Tokyo in care of Tuttle-Mori Agency, Inc., Tokyo
through Keio Cultural Enterprise Co., Ltd., New Taipei City

經銷／易可數位行銷股份有限公司
地址／新北市新店區寶橋路235巷6弄3號5樓
電話／(02)8911-0825　傳真／(02)8911-0801

作品デザイン
青木惠理子　Ami　今村曜子　岡 まり子　岡本啓子
風工房　金子祥子　河合真弓　城戶珠美　野口智子
橋本真由子　深瀨智美　marshell（甲斐直子）
Ronique（ロニーク）　ハマナカ企劃

staff
書籍設計／後藤美奈子
攝影／三好宣弘（封面、P.1至37）中辻 涉（步驟）
造型／神野里美
髮型＆化妝／高松由佳（Steam）
模特兒／エモン久瑠美
步驟指導／河合真弓
製圖／安藤design　大樂里美　白くま工房
編輯／岡野とよ子（リトルバード）
主編／朝日新聞出版 生活・文化編輯部（森 香織）

攝影協力
AWABEES
Utuwa

線材・材料
Hamanaka株式會社
〒616-8585 京都市右京 花園藪ノ下町2番地の3
http://www.hamanaka.co.jp/
http://www.hamanaka.com.cn/

由於印刷多少存在色差，書中作品與實際顏色可能會
出現些許不同的情況。

國家圖書館出版品預行編目資料

好好織!輕巧美麗的粗針織日用包&小物 / 朝日新聞出版編著
; 彭小玲譯. -- 初版. -- 新北市: 雅書堂文化, 2019.01
面；　公分. -- (愛鈎織；58)

譯自：超極太糸でザクザク編む、まいにちのバッグと小物
ISBN 978-986-302-471-2(平裝)

1.編織 2.手提袋

426.4　　　　　　　　　　　　　　　　107023021

# 好好織！
輕巧美麗的
粗針織日用包&小物

*Bag & Knitgoods*

# 好好織！

## 輕巧美麗的
## 粗針織日用包&小物

*Bag & Knitgoods*